Татьяна Данина

УЧЕНИЕ ДЖУАЛ КХУЛА

Книга 8

ХИМИЯ

ЭЗОТЕРИЧЕСКОЕ ЕСТЕСТВОЗНАНИЕ

УЧЕНИЕ ДЖУАЛ КХУЛА

ХИМИЯ

Книга 8

* * * * *

СЕРИЯ

ЭЗОТЕРИЧЕСКОЕ ЕСТЕСТВОЗНАНИЕ
* * * * *

Третья часть Учения гималайского адепта,
Джуал Кхула,
синтез науки и эзотерики

* * * * *

ТАТЬЯНА ДАНИНА

* * * * *

CREATE SPACE EDITION

2014

e-mail: danina.t@yandex.ru

Все электронные книги из серии «Эзотерическое Естествознание» представлены на вебсайте Amason: https://authorcentral.amazon.com/gp/books?ie=UTF8&pn=irid58388648

Книга 1 – «Основные оккультные законы и понятия» - http://www.amazon.com/dp/B00I1MFZV8;

Книга 2 – «Эфирная механика» - http://www.amazon.com/dp/B00I214ATQ;

Книга 3 – «Астрономия и космология» - http://www.amazon.com/dp/B00I21HFU2;

Книга 4 – «Механика тел» - http://www.amazon.com/dp/B00I21HEO4;

Книга 5 – «Биология» http://www.amazon.com/dp/B00I21NBGY;

Книга 6 – «Новая Эзотерическая Астрология, 1» - http://www.amazon.com/dp/B00I21NDV;

Книга 7 – «Оптика и теория цвета» - http://www.amazon.com/dp/B00I21NDV2;

Книга 8 – «Химия» http://www.amazon.com/dp/B00I21NCW2;

Книга 9 – «Термодинамика» - http://www.amazon.com/dp/B00J13QH9K.

Еще книга моего дедушки – «Воспоминания русского фельдшера о финской войне» - http://www.amazon.com/dp/B00I21QZ3K

Все эти же книги теперь будут изданы на Create Space в печатном варианте и будет продаваться на Amazon – ищите в графе – Paperback.

Те же книги на английском:

The books of the series "The Teaching of Djwhal Khul – Esoteric Natural Science" - **"The main occult** laws and concepts” - http://www.amazon.com/Main-Occult-Laws-Concepts -ebook/dp/B00GUJJR72

“Ethereal mechanics” - http://www.amazon.com/The-Doctrine-Djwhal-Khul-mechanics-ebook/dp/B00I8KSY8Y (paperback - https://www.createspace.com/4836813)

“New Esoteric Astrology, 1” - http://www.amazon.com/dp/B00JF6RMCY (paperback - https://www.createspace.com/4827294)

“Thermodynamics” - http://www.amazon.com/dp/B00KGHK8EU (paperback - https://www.createspace.com/4838412)

The book of my grandpa – **“The memories of the russian military paramedic Michael Novikov of the Finnish war”** http://www.amazon.com/dp/B00JYDITQ6

Желаем вам увлекательного прочтения!

СОДЕРЖАНИЕ

05. Строение химического элемента. Радиоактивность - это эволюция частиц в составе химического элемента;

06. Анализ периодической таблицы д. Менделеева - часть 1 - на что указывают группы и периоды;

07. Анализ периодической таблицы - цвет поверхностных нуклонов для элементов разных групп;

08. Электроотрицательность, степень окисления, окисление и восстановление;

09. Принцип построения химических формул не точен;

10. Качественно-количественная характеристика. Силовое поле элемента. Периоды и группы;

11. Почему вода расширяется при замерзании;

12. Изотопы;

13. Водород и гелий. Химические элементы 1 периода;

14. Что такое "химическая реакция";

15. Механизм гидролиза;

16. Механизм реакции нейтрализации;

17. Длина химической связи;

19. Механизм химической реакции соединения фтора и воды;

20. Кислород;

21. Механизм действия чистящих средств, содержащих хлор и перекись водорода;

22. Механизм растворения. Свойства кислот и оснований;

23. Ода химическим элементам;

24. Причина отбеливающих и дезинфицирующих свойств поваренной соли;

25. Почему вода охлаждает тела? Почему ложка в супе или чае охлаждает их?

26. Энтальпия. Эндотермические и экзотермические реакции.

01. КОСМОЛОГИЯ ПЛАНОВ (АЛЬТЕРНАТИВА БОЛЬШОМУ ВЗРЫВУ)

Давайте взглянем на начальные этапы формирования Вселенной с точки зрения Вневременной Мудрости.

Прежде всего, Вселенная вышла из непроявленного состояния. Этот выход ознаменовался равномерным заполнением пространства силовыми центрами - элементарными частицами. В каждой из них эфир (энергия, дух) одновременно появляется и исчезает (это происходит и сейчас). Каждая элементарная частица - это Душа, в которой объединяются ("сочетаются браком") Дух (творение эфира) и Материя (его исчезновение).

Вот здесь интересный момент! *Качество у частиц проявилось не хаотично, не в случайном порядке, а строго в соответствии с неким образом задуманной схемой.* В зависимости от типа приобретаемого качества, частицы образовали Планы. Как уже говорилось, всего существует *шесть простых Планов.* Каждый простой План представляет собой диапазон значений для количества исчезающего в частицах эфира.

Переход Вселенной из состояния Непроявленности в проявленное состояние произошел мгновенно. Частицы появились и все. И каждая из них в соответствии с присущим ей качеством, начала творить и разрушать в себе строго определенное количество эфира (в единицу времени). *Все шесть простых Планов проявились во Вселенной сразу, в один миг.*

Планы располагались вокруг центра Вселенной концентрически. Каждый План, кроме Физического, представлял собой невообразимых масштабов сферическое кольцо размером немного меньше размера самой Вселенной. *Физический* План представлял собой просто шар, так как он находился в центральной части Вселенной. Выше Физического лежало сферическое кольцо *Астрального* Плана. Выше Астрального располагалось сферическое кольцо *Ментального* Плана. Потом шел *Будхический* План. Еще дальше от центра – *Атмический*. И, наконец, обрамляли проявленную Вселенную частицы *Монадического* Плана.

Физический План был ближайшим к центру Вселенной. Здесь следует указать, что *«низом»* мы называем области пространства, направленные в сторону центра небесного тела, в состав которого мы входим. А *«верх»*, соответственно, это области пространства, направленные в стороны, противоположные центру небесного тела. Мы рассматриваем «низ» и «верх» по отношению к центру нашей планеты. Однако наша планета, наряду с другими небесными телами, входит в состав Единого тела проявленной Вселенной. Поэтому точно также можно классифицировать и все шесть Планов. Те, что первоначально располагались ближе к центру Вселенной – *нижние (низшие)*, те, что дальше – *верхние (высшие)*. Я говорю - первоначально, поскольку сразу же после перехода Вселенной в этап третьего Логоса и возникновения шести простых Планов начался процесс объединения всех Планов в одно целое - в седьмой, Логоический План.

Итак, частицы сформировали сферы вокруг центра Вселенной - т.е. Планы. В дальнейшем, когда элементарные частицы начали объединяться в химические элементы, а химические элементы соединяться друг с другом, центр Вселенной совпал с центром главного небесного тела нашей Вселенной - Ядра Сверхсверхгалактики, из которого, собственно, и произошли все Галактики, а также остальные небесные тела меньших размеров.

Среди частиц Физического, Астрального и Ментального Планов преобладают частицы с Полями Притяжения (с массой) – т.е. поглощающие эфир. В то время как среди частиц Будхического, Атмического и Монадического Планов преобладают частицы с Полями Отталкивания (с антимассой) – т.е. испускающие эфир. Таким образом, сразу после возникновения шести простых Планов, движение эфира во Вселенной имело очень простую направленность – от трех высших Планов – к трем низшим. Или, иначе говоря, от периферии Вселенной к ее центру.

Сразу же после начала формирования проявленной Вселенной начался процесс объединения простых Планов в составе *комплексного Плана –*

Логоического. Из-за этого немного изменилась первоначальная схема движения эфира в масштабах Вселенной. Теперь в целом можно говорить лишь о том, что эфир всегда движется от частиц с Полями Отталкивания в сторону частиц с Полями Притяжения. Тем не менее, несмотря на процесс взаимопроникновения простых Планов, подавляющее число частиц трех верхних Планов все также остаются отдалены от центра Вселенной, как и раньше. Поэтому в принципе, можно говорить, что общее направление течения эфира осталось прежним – от периферии Вселенной к центру.

А теперь давайте подробнее рассмотрим, как распределились частицы разного качества в пределах каждого простого Плана. Любой простой План – это в первую очередь диапазон значений для количества исчезающего в частицах эфира. Если мы, например, рассмотрим Физический План каким он был в начале, то это был шар, образованный элементарными частицами. И в этом шаре плавно, постепенно, от центра к периферии в частицах уменьшалось количество исчезающего в них эфира. Один План плавно переходил в другой – между ними не было резкой границы. От нижних Планов к высшим плавно уменьшалось в частицах количество исчезающего эфира.

Как же располагались в пределах любого Плана частицы трех основных цветов – красного, желтого и синего – характеризующихся разным значением количества творимого в единицу времени эфира? Ответ – частицы трех основных цветов в составе любого простого Плана располагались равномерно по всему объему Плана. Это означает, что в пределах любого простого Плана первоначально не было зон, областей, где бы преобладали частицы какого-то одного из трех основных цветов. Повторю – *частицы трех цветов первоначально располагались во Вселенной равномерно – от Плана к Плану, так как между Планами не было резких границ.*

02. СПЕКТРЫ ШКАЛЫ ЧАСТОТ ЭЛЕКТРОМАГНИТНЫХ ВОЛН

На шкале частот электромагнитных волн мы можем видеть, что фотоны видимого диапазона образуют *спектр* – т.е. выстраиваются в шесть цветов радуги. Подробно механизм возникновения спектра мы разберем в главе «Оптика». Здесь я затрону 3 момента.

Во-первых, на шкале частот на самом деле располагается не один спектр – видимый. Нет, вся шкала – это череда повторяющихся спектров. И ИК, и радио, и УФ, и рентгеновские, и гамма фотоны формируют спектры. Мы их не видим, поскольку наши зрительные анализаторы не способны видеть в этих диапазонах. Но поверьте, если бы мы могли, то обнаружили бы в этих диапазонах все те же 6 цветов радуги, что и в видимом диапазоне.

Во-вторых, известная нам шкала частот характеризует лишь верхние уровни частиц Физического Плана. В то время как существуют еще нижние уровни. Многие из частиц нижних уровней –

например, электроны, протоны – уже известны науке, так как обнаруживают себя в ходе излучений радиоактивных химических элементов. Так вот, нижние уровни Физического Плана также можно было бы представить в виде спектров и расположить их на шкале частот.

И, наконец, последний момент. В виде спектра располагаются только движущиеся частицы. Спектры образуют частицы, находящиеся в состоянии инерционного движения. *Частицы объединяются в тот или иной цвет (того или иного спектра) на шкале частот только из-за того, что в ходе движения обладают одинаковой Силой Инерции и одинаковым Полем Отталкивания.* В начальные этапы существования проявленной Вселенной, когда частицы только-только приобрели качество, не было никаких спектров, не было шести цветов радуги, так как частицы никуда не двигались. И частицы 3-х основных цветов располагались в объеме любого Плана равномерно.

03. ИНВОЛЮЦИЯ И ЭВОЛЮЦИЯ

Настало время напомнить о двух глобальных процессах, начавшихся вместе с началом существования проявленной Вселенной и протекающих с тех пор. Речь идет об инволюции и эволюции.

Инволюция – это «свертывание», объединение элементарных частиц. *Причина инволюции – частицы с Полями Притяжения.* Поглощая окружающий эфир, они, тем самым, притягивают к себе окружающие частицы.

Сразу же вместе с процессом инволюции начинается другой процесс – *эволюция* – «развертывание», высвобождение объединившихся до этого частиц, их отдаление от конгломерата частиц. *Причина эволюции – трансформация объединившихся частиц, приводящая к изменению внешнего проявления их качества. Трансформация – это повышение температуры частицы.* Во время трансформации Поля Притяжения уменьшаются и могут превратиться в Поля Отталкивания, а Поля Отталкивания увеличиваются. В данном случае имеет место трансформация гравитацией. И возникающий эффект носит в физике название «*дефект масс*».

Очень важную роль для протекания процесса эволюции играет наличие среди инволюционирующих частиц тех, что формируют Поля Отталкивания. И чем больше будет процент этих частиц, и чем больше величина Полей Отталкивания, тем более выражена, более интенсивна будет эволюция - т.е. тем быстрее частицы будут нагреваться и отдаляться от центра конгломерата частиц, который образовался в ходе их инволюции.

Процесс участия в инволюции частиц с полями Отталкивания носит название «*Погружение Духа в Материю*», или еще по-другому – «*Падение Люцифера*».

Почему так важно присутствие в числе инволюционирующих частиц тех, что имеют Поля Отталкивания? Да вот почему.

Возникающие в результате объединения конгломераты частиц всегда имеют форму шара. Чем ближе к центру шара, тем выше оказывается степень трансформации частиц. Чем больше Поле Отталкивания частицы, тем выше ее температура. Частицы с Полями Притяжения в составе конгломерата скрепляют вещество (нестабильные частицы или химические элементы), а частицы с Полями Отталкивания способствуют высокой степени его нагрева, ведь они уже имели и вне трансформации Поле Отталкивания. Так вот, трансформация (нагрев) частицы с Полем Отталкивания еще больше увеличивает ее Поле Отталкивания – т.е. у частицы возрастает скорость испускания эфира. Такая частица будет стремиться отдалять от себя другие частицы и отдаляться от них сама. Т.е. частицы с Полями Отталкивания первыми стремятся выйти из состава конгломерата частиц и отдалиться от него. Однако частицы с Полями Притяжения и с Полями Отталкивания в составе конгломерата перемешаны. Поэтому частицы с Полями Отталкивания, обеспечивая соседствующие с ними частицы с Полями Притяжения эфиром, вытаскивают их за собой.

В эзотерике обычно «Духом» называют частицы с Полями Отталкивания, а «Материей» - частицы с Полями Притяжения. Таким образом, процесс выхода частиц с Полями Притяжения вместе с частицами с Полями Отталкивания – это «*Вознесение Материи на Небо*», «*Подъем Кундалини*», *Исход, Пасха, Спасение, Искупление*.

Итак, можно сделать вывод, что частицы с Полями Отталкивания обеспечивают быструю эволюцию, как самих себя, так и связанных с ними частиц с Полями Притяжения. В то время как частицы с Полями Притяжения обеспечивают групповую целостность эволюционирующих частиц.

Как уже говорилось, в центре объединенного конгломерата частиц степень их трансформации наибольшая. Таким образом, из центра конгломерата частиц всегда существует ток эволюционирующих частиц наружу, так как более нагретое вещество устремляется на периферию. Одновременно с этим по направлению к центру конгломерата движется инволюционирующее, более холодное вещество. Именно такой процесс постоянного перемешивания вещества мы и можем наблюдать в составе любого небесного тела (за исключением особо мелких – метеоров, астероидов). Такой же процесс постоянно протекает в любом химическом элементе. Однако в любом химическом элементе слишком мало частиц для того, чтобы обеспечить высокую степень трансформации частиц в его составе. Поэтому в химических элементах процесс перемешивания частиц затрагивает только самый центр элемента, в то время как большая часть вещества элемента остается почти неподвижной.

Вывод: *Инволюция – это объединение частиц, а эволюция – это выход из конгломерата объединившихся частиц в результате их нагрева (трансформации) за счет гравитации (за счет эффекта «дефекта масс»).*

04. ФОРМИРОВАНИЕ ХИМИЧЕСКИХ ЭЛЕМЕНТОВ И ЦЕНТРАЛЬНОГО ТЕЛА ВСЕЛЕННОЙ

А теперь, после того, как мы немного разобрались с темой инволюции и эволюции, непосредственно перейдем к рассмотрению того, как из неоформленной массы элементарных частиц возникли химические элементы, а также как эти элементарные частицы образовали главное небесное тело во Вселенной – Единое тело Вселенной.

Следует сказать сразу – в теории «Большого Взрыва» есть значительная доля истины. Какая, мы это скоро узнаем.

За процесс создания химических элементов, а также главного небесного тела отвечали и отвечают частицы с Полями Притяжения. Поглощая окружающий эфир, они, тем самым, притягивают к себе окружающие частицы.

Сразу же после того, как силовые центры приобрели качество и превратились в элементарные частицы, начался процесс инволюции – частицы с Полями притяжения, поглощая окружающий эфир, стали притягивать к себе окружающие частицы, образуя конгломераты частиц. Естественно предположить, что главенствующую роль в объединении частиц и создании конгломератов играли частицы с наибольшими по величине Полями Притяжения. На любом уровне любого Плана наибольшие Поля Притяжения имеют частицы синего цвета. В составе Физического, Астрального и Ментального Планов помимо синих частиц еще желтые частицы обладают Полями Притяжения. Но их величина всегда меньше, чем у синих. А вот в составе Будхического, Атмического и Монадического Планов желтые частицы и вовсе обладают Полями Отталкивания. И помимо этого, чем ниже уровень в составе Плана – т.е. чем ближе к центру Вселенной располагалась первоначально частица, тем больше величина ее Поля Притяжения (при условии, конечно, что речь идет о частице с Полем Притяжения, а не Отталкивания).

Конгломераты частиц, которые стали формироваться инволюционирующими частицами, еще не были теми привычными химическими элементами, из которых построен наш мир. Можно называть эти первичные конгломераты нестабильными элементарными частицами. Таким образом, мы не будем изобретать новое, а просто используем название, уже имеющееся в физике. Стабильные, в данном случае – это просто элементарные частицы, а нестабильные состоят из стабильных. В дальнейшем, именно объединение этих нестабильных частиц друг с другом привело к возникновению известных нам химических элементов.

Первичные конгломераты (нестабильные частицы) формировались теми частицами, которые были ближайшими соседями по уровню того или иного Плана. Это основное отличие первичных конгломератов от химических элементов, возникших позднее. Химические элементы, напротив, характеризуются объединением в одно целое частиц разных уровней в пределах Плана.

Инволюция частиц шла двумя путями. Во-первых, частицы объединялись друг с другом, образуя конгломераты. А, во-вторых, эти конгломераты, нестабильные элементарные частицы, стремились к общему объединению частиц в составе Единого

Небесного Тела, центр которого совпадал и совпадает с центром Вселенной. Собственно, в настоящее время вся проявленная Вселенная объединена в составе одного тела – Единого Тела Вселенной.

Почему же все частицы, после обретения ими качества, устремились в направлении центра Вселенной? Объяснение следующее.

Все элементарные частицы Вселенной, сразу после возникновения, образовали Единое Тело Вселенной, которое представляло собой (и представляет до сих пор) шар. Т.е. общая форма Единого Тела Вселенной всегда имела форму шара. Дело в том, что именно шарообразная форма Тела Вселенной позволяет элементарным частицам, также обладающим шарообразной формой, наиболее экономично заполнять пространство в процессе своего стремления к центру Вселенной.

Но почему же конгломераты частиц изначально устремились в направлении центра Вселенной?

Как известно, ровно половина всех частиц в составе Вселенной обладает Полями Притяжения. Другая половина частиц формирует Поля Отталкивания. Происходило и происходит суммирование Полей Притяжения частиц с образованием единого суммарного Поля Притяжения Вселенной. Вот и получается, что вдоль любой прямой, проходящей через центр Вселенной, величина этого суммарного Поля Притяжения оказывается наибольшей. И объясняется это тем, что вдоль прямой, проходящей через центр шарообразного тела, число частиц оказывается наибольшим. В то время как вдоль любой другой прямой, не проходящей через центр шарообразного тела, число частиц окажется меньше.

Можно называть суммарное Поле Притяжения, направленное к центру шарообразного тела, Центростремительным. Как вы увидите в дальнейшем, в любом химическом элементе, и в любом небесном теле существует суммарное Поле Притяжения, и всегда наибольшим оказывается Центростремительное.

Таким образом, конгломераты частиц устремились в направлении центра Вселенной под действием возникшей в них суммарной Силы Притяжения, которую следует называть Центростремительной, так как эта Сила вызвана Центростремительным Полем Притяжения.

Так как Сила Притяжения уменьшается с ростом расстояния, соответственно, наибольшая по величине Центростремительная Сила возникла в первую очередь именно в частицах Физического Плана – так как ближе всего к центру Вселенной располагались именно частицы Физического Плана. Поэтому именно частицы Физического Плана первыми начали инволюционное движение в направлении центра Вселенной.

Для частиц Астрального Плана Сила Притяжения оказалась меньше, для Ментального – еще меньше и т.д. Чем дальше от центра Вселенной первоначально располагался План, тем меньшая по величине Центростремительная Сила Притяжения возникала в его частицах. Т.е. тем с меньшей скоростью частицы этого Плана приближались к центру в ходе инволюции. Конечно, не следует забывать, что скорость сближения притягиваемой частицы с притягивающим ее объектом зависит не только от величины возникающей в ней Силы Притяжения, но от качества самой частицы – т.е имеет она Поле Притяжения или Поле Отталкивания, и какова величина этого Поля.

Итак, в пределах каждого уровня каждого Плана частицы соединялись друг с другом и одновременно стремились к центру Вселенной. В результате первичные конгломераты элементарных частиц всех Планов образовали Единое Тело Проявленной Вселенной, центр которого совпал с центром Вселенной.

Из-за того, что от верхних планов к нижним, а также от высших уровней любого плана к низшим Поля Притяжения уменьшаются, а Поля Отталкивания растут (а три высших Плана вообще характеризуются преобладанием частиц с Полями Отталкивания), в Едином теле Вселенной плотность вещества уменьшается от центра к периферии. Уменьшение плотности означает, что, во-первых, растут расстояния между частицами в самих первичных конгломератах, а, во-вторых, растут расстояния между самими первичными конгломератами.

Процесс образования химических элементов примерно в том виде, в каком мы их знаем, начался именно с частиц Физического Плана, которые оказались в ходе инволюции в центральной части Единого Тела Вселенной.

Как уже не раз повторялось, трансформация частиц – это их нагрев. И как говорилось в статье, посвященной трансформации гравитацией, степень трансформации частиц в составе сферического конгломерата оказывается тем больше, чем ближе частица к центру конгломерата. Соответственно, чем ближе первичные конгломераты оказывались к центру Вселенной, тем в большей мере трансформировались частицы в их составе – т.е. тем больше нагревались. Когда конгломераты оказывались в центральной части Единого Тела Вселенной, их температура росла. Мгновенно нагревающееся вещество, расширяясь, «рвалось на свободу» - т.е. стремилось отдаляться от центра. Одновременно, чем дальше первичные конгломераты располагались от центра Вселенной, тем меньше была степень их трансформации. Т.е. более холодные конгломераты с периферии, напротив, стремились в центр Вселенной. Вот и получалось, что конгломераты из центра, сильно нагретые, стремились на периферию. А им на смену, с периферии двигались более холодные конгломераты. В результате, у тех конгломератов, которые нагрелись и отдалялись от центра, по мере отдаления уменьшалась степень их трансформации – т.е. они охлаждались. И начинали опять стремиться в центр. Однако теперь их прежнее место оказывалось занято конгломератами с периферии. В то же время, у конгломератов частиц, которые пришли в центр с периферии, возрастала степень трансформации – т.е. увеличивалась температура. И эти конгломераты стремились к периферии. Однако их место оказывалось занято конгломератами, которые до этого сами были в центре. В итоге происходило постоянное перемешивание двух потоков конгломератов – одни двигались от центра к периферии, другие, наоборот – от периферии к центру. То, что первоначально творилось в сердцевине Единого Тела Вселенной, занятой конгломератами частиц Физического Плана, напоминало «огненную центрифугу», «пламенную стиральную машину». Бурлящее вещество. Примерно то же самое происходит сейчас в недрах любого небесного тела (кроме мелких астероидов).

Говоря о периферии, я не имею в виду периферию Единого Тела – т.е. высшие Планы. Нет, речь идет о сердцевине Единого Тела, занятой частицами Физического Плана. К примеру, частицы того же Астрального Плана не были также вовлечены в процесс перемешивания вещества, поскольку Сила Притяжения убывает с ростом расстояния. Это - во-первых. А во-вторых, Поля Притяжения у частиц Астрального Плана уже меньше, чем у Частиц Физического. И в то же время, Поля Отталкивания больше.

В Едином Теле Вселенной конгломераты с центра и конгломераты с периферии оказывали друг на друга давление. Давление групп конгломератов суммировалось. Какая группа побеждала, туда вещество и двигалось – вверх или вниз. И так постоянно. Перемешивание сопровождалось взрывами вещества. Именно эти взрывы можно рассматривать в качестве подтверждения теории Большого Взрыва.

Объясняются взрывы тем, что если конгломерату частиц с Полем Отталкивания, стремящемуся отдаляться от центра небесного тела препятствуют другие частицы (другие конгломераты), которые Поле Отталкивания этого конгломерата не может оттолкнуть, то эфир, испускаемый этим конгломератом, начинает проходить сквозь мешающие частицы, становясь для них избыточным, и тем самым трансформировать их – т.е. нагревать. Нагревающееся вещество также начинает отдаляться от центра – т.е. происходит взрыв.

В результате всего этого перемешивания первичных конгломератов, в ходе которого они соударяются, не прекращалось также их притяжение друг к другу – т.е. протекал процесс дальнейшего объединения. Теперь уже соединялись друг с другом первичные конгломераты.

Так начался процесс образования химических элементов в том виде, в котором они нам всем знакомы. Однако на этом все не закончилось. Химические элементы продолжали и продолжают оформляться и видоизменяться до сих пор в недрах любого небесного тела.

Нагревающееся вещество, перемешивающееся и взрывающееся в центральной, самой плотной части Единого Тела Вселенной, выбрасывалось в результате этих взрывов дальше на периферию, и оказывается в менее плотных областях Единого Тела – начиная с тех областей, где располагались частицы Астрального Плана. Эти огромные капли нагретых конгломератов частиц Физического Плана стали прародителями Ядер Сверхгалактик – самых крупных из небесных тел, помимо центральной плотной части Единого Тела Вселенной (которое наикрупнейшее из всех).

Помимо всего прочего, высокая по величине степень трансформации, которая возникала у частиц Физического Плана в центральной части Единого Тела Вселенной, привела не только к перемешиванию конгломератов. Кроме этого начался глобальный процесс истечения в направлении периферии Единого Тела Вселенной частиц с Полями Отталкивания. При этом, Поле Отталкивания может быть вызвано у частицы трансформацией гравитации, а вовсе не присуще ей изначально. Это означает, что частицы с

Полями Отталкивания выходили (и выходят до сих пор) из состава сердцевины Единого Тела Вселенной самостоятельно, а не только в составе конгломератов. Процесс потери нагретыми конгломератами элементарных частиц стал тем, что мы называем *свечением небесного тела*. Т.е. центральная часть Единого Тела Вселенной начала светиться – терять элементарные частицы.

Соединение друг с другом первичных конгломератов – это и есть *термоядерный синтез*. А теряемые нагретыми конгломератами элементарные частицы – это вариант *радиоактивного распада*. Частицы с Полями Отталкивания препятствуют объединению конгломератов и образованию более крупных конгломератов – химических элементов. Потеря частиц с Полями Отталкивания устраняет эту проблему и делает возможным синтез – т.е. то, что ученые называют термоядерным синтезом.

05. СТРОЕНИЕ ХИМИЧЕСКОГО ЭЛЕМЕНТА. РАДИОАКТИВНОСТЬ - ЭТО ЭВОЛЮЦИЯ ЧАСТИЦ В СОСТАВЕ ХИМИЧЕСКОГО ЭЛЕМЕНТА

Химический элемент любого типа – это сфера, шар. И построен этот шар из элементарных частиц разных уровней Физического Плана. Именно *шарообразная форма позволяет элементарным частицам (тоже шарам) наиболее экономично занимать имеющееся пространств* процессе их стремления в направлении центра химического элемента под действием существующей в них Центростремительной Силы.

Все имеющиеся химические элементы – это конгломераты частиц, которые образовались в результате серии последовательных объединений более мелких конгломератов – нестабильных частиц. В любом химическом элементе элементарные частицы располагаются так же, как это имело место в первичном Физическом Плане – т.е. частицы нижних уровней располагаются ближе к центру химического элемента, а частицы верхних уровней – ближе к периферии. Не все уровни Физического Плана присутствуют в составе химического элемента каждого типа. А число частиц каждого представленного уровня может быть разным. Нестабильные частицы начали соединяться друг с другом в составе центральной части Единого Тела Вселенной. А затем процесс объединения нестабильных частиц продолжился в составе всех небесных тел – потомков Центрального Солнца Вселенной – т.е. Ядер Сверхгалактик, Ядер Галактик, звезд, планет и их спутников. В процессе объединения те нестабильные частицы, которые имеют в своей основе частицы с большими Полями Притяжения – т.е. построены из частиц нижних уровней Физического Плана, проникают вглубь химического элемента, поближе к его центру. Такие нестабильные частицы с тяжелыми частицами в своей основе продавливают периферические слои, состоящие из частиц верхних уровней. Процесс напоминает процесс погружения плотного тела в жидкость. Т.е. *нестабильные частицы с тяжелыми частицами в своей основе просто «тонут» в химическом элементе, и оказываются в итоге ближе к ядру*. Именно поэтому в ходе дальнейшего объединения нестабильных частиц не нарушается общая схема строения химического элемента – частицы нижних слоев ближе к центру, а верхних – на периферии. Нестабильные частицы могут состоять не только из частиц с Полями Притяжения. В основе любой нестабильной частицы находится частица с Полем Притяжения. А вот среди окружающих ее частиц могут быть частицы любого качества – например, все они могут обладать Полями Притяжения. *Пример нестабильной частицы, у которой частицу с Полем Притяжения окружают частицы с Полями Отталкивания – это **нейтрон**.*

Собственно, **любой химический элемент можно рассматривать в качестве нестабильной частицы, содержащей в себе огромное число элементарных частиц.**

В результате слияния нестабильных частиц могут рождаться химические элементы, содержащие очень большое число элементарных частиц. В процессе объединения участвуют также сами химические элементы. В итоге рождаются химические элементы невероятных масштабов по числу содержащихся в них частиц. И этот процесс соединения мог бы длиться до бесконечности, если бы не одно НО…Численность частиц в химических элементах ограничивается Законом Трансформации. Рост массы химического элемента – т.е. суммарного Поля Притяжения, вызванного увеличением числа частиц с Полями Притяжения – запускает процесс эволюции. А причиной эволюции является трансформация гравитацией – т.е. нагрев частиц, вызванный гравитацией. Т.е. ***увеличение массы*** химического элемента неминуемо ведет к тому, что степень трансформации частиц в его центральной части столь возрастает, что эти частицы начинают вырываться из центральной части элемента наружу. Т.е. *тяжелые элементы начинают испускать частицы из своей центральной части.* Это и есть процесс всем известной *радиоактивности.* С точки зрения ядерной физики, причина радиоактивности химических элементов та же самая, что и причина такого явления как *«дефект масс».* Масса частиц в составе конгломерата меньше, чем масса этих же частиц, но в свободном состоянии – т.е. вне конгломерата. Соответственно, если частицы, о которых идет речь, характеризуются не массой, а антимассой, то у них в составе конгломерата величина антимассы возрастает по сравнению с ее же величиной вне конгломерата.

06. АНАЛИЗ ПЕРИОДИЧЕСКОЙ ТАБЛИЦЫ Д. МЕНДЕЛЕЕВА - ЧАСТЬ 1 - НА ЧТО УКАЗЫВАЮТ ГРУППЫ И ПЕРИОДЫ

Наконец-то мы приступаем к подробному анализу таблицы химических элементов – замечательного творения русского ученого *Дмитрия Ивановича Менделеева.*

Писать критические статьи, касающиеся научных проблем и вопросов, весьма непросто в нашем мире, настроенном весьма консервативно, и чаще всего исповедующем принцип – лучше старое, пусть и не всегда верное, нежели новое, непривычное и незнакомое, в котором нужно еще разбираться. Но, так или иначе, мы осмелимся нарушить привычное и устоявшееся течение современной химической мысли.

В 1869 году Дмитрий Иванович Менделеев и немецкий ученый Л. Мейер предложили свои варианты таблицы элементов. Они были основаны на сделанных ранее догадках де Шанкуртуа и Ньюлендса. Научное сообщество признало вариант именно Д. Менделеева.

«…периодическая таблица Менделеева (названная так за периодическое чередование элементов со сходными химическими свойствами) имела более сложный вид, чем аналогичная таблица Ньюлендса, и более сходную форму с той, которая повсеместно принята в наше время. Во-вторых, когда свойства того или иного элемента заставляли Менделеева помещать элемент вне принятой последовательности атомных весов, он смело шел на изменение формального порядка, исходя из определяющей роли химических свойств, а не атомного веса. И всякий раз он оказывался абсолютно прав. Скажем, теллур, имевший атомный вес 127,61, по величине своего веса должен стоять после йода, чей атомный вес 126,91. Но Менделеев разместил его перед йодом, в колонке под селеном, который имеет сходные с теллуром свойства, а йод оказался под родственным ему бромом. И самое важное: там, где в таблице не хватало элементов для заполнения ячеек, Менделеев, не колеблясь, оставил свободные места, дерзко предвосхитив будущие открытия новых элементов» (Айзек Азимов «Путеводитель по науке», Физические науки).

Различных типов химических элементов на Земле и во Вселенной так много. Несомненно, подобная классифицирующая таблица была очень нужна человечеству, которое ежедневно и ежемоментно сталкивается и работает с великим множеством из них. И сами наши тела состоят из них. Так что знать и разбираться в разновидностях элементов – не просто желательно. Это насущная необходимость. Наша святая обязанность. Так мы лучше узнаем наш мир, Вселенную, себя. Поймем устройство и предназначение всего, что встретим. И поэтому очень важно разработать точную и понятную классификацию химических элементов. Таблица Д. Менделеева – это уникальное и прекрасное начинание. Однако оно требует доработки. Периодическая система элементов нуждается в дальнейшем развитии, как и многое в науке.

Самое главное в любой классификации – это систематизирующий признак, в соответствии с которым характеризуются изучаемые элементы. Очень важно выбрать верный. В противном случае классификация будет неточной, неполной, а то и вовсе неверной.

Выбрав в качестве классификационного признака атомный вес химических элементов, химики 19 века, несомненно, поступили правильно. Самое любопытное заключается в том, что уточнив фактор систематизации, и взяв за основу величину положительного заряда элемента, ученые также поступили верно. Ведь положительный заряд и масса – это одно и то же в соответствии с нашими представлениями.

Как так получилось, что плотные металлы оказались легче газов? Я говорю про элементы 1 периода. Например, элементы начальных групп – литий, бериллий, бор, углерод считаются легче азота, кислорода, фтора и даже инертного газа неона. На мой взгляд, это нонсенс. Ведь чем разреженнее агрегатное состояние вещества, тем меньше его плотность. А тут получается наоборот. Более плотные металлы легче легчайших газов. Как же неаккуратно ученые измеряли массу химических элементов. В данном случае, логика и здравый смысл были принесены в жертву желанию сохранить и использовать периодическую таблицу Д. Менделеева. Она очень удобна – я согласна с этим фактом. Я сама ей пользуюсь постоянно и не собираюсь отказываться. Однако классифицирующий признак, а точнее, признаки, таблицы в годы ее создания и позднее, были установлены не совсем верно. Они не были доработаны. *Химические элементы просто пересчитали, и в соответствии с номером в таблице, присвоили им номер положительного заряда и определили число электронов на орбиталях вокруг ядра. Как-то это очень наивно и по-детски. А если откроют более легкие элементы, чем водород – что тогда? Тогда рухнет вся эта концепция. В один миг.*

При изучении и классифицировании всех открытых химических элементов за основу взяли их способность притягиваться – вначале это была масса. Сравнивали массы плотных элементов. Потом стали изучать отклонение в магнитном поле – и за основу взяли заряд.

Однако мы вам неоднократно, очень подробно, и на наш взгляд, убедительно, доказывали, что гравитационное поле и магнитное – это одно и то же. А масса – это одна из сторон заряда, качества. Качество – это заряд. Качество двояко. Инь – Ян. Положительный заряд – отрицательный. Масса-антимасса.

Нельзя изучать и классифицировать все элементы только в соответствии с величиной их массы, иначе, с величиной положительного заряда ядра.

Нужно обязательно учитывать общую особенность их Силовых Полей, проявляющихся вовне. Нужно принимать в учет размеры элементов. Их химические свойства. И все физические.

Химические элементы как планеты – их большие размеры могут в какой-то мере объясняться толстым слоем атмосферы. Взгляните на планеты-гиганты, к примеру. Они гиганты еще и потому, что у них очень толстые атмосферы. Легкие частицы экранируют тяжелые, что внутри, ближе к центру, искажая наше представление о реальном качестве химического элемента (как и планеты). Сколько там частиц и какого качества? Химический элемент (или планета) с большим радиусом может либо состоять из большого числа тяжелых частиц (или элементов). Либо в нем много легких, разреженных. И потому его радиус велик.

В химических элементах притягивающие частицы соседствуют с отталкивающими. И мы уже не можем судить только о массе. Масса проявляется одновременно с антимассой. Притяжение вкупе с отталкиванием. Это меняет поведение элементов в магнитном поле. Отсюда все ошибки, которые имеют место при определении заряда в магнитном поле.

Элементы могут иметь схожую массу. Но при этом их качественно-количественный состав частиц будет абсолютно разным.

Один химический элемент может иметь в своем составе много нуклонов, но они будут содержать больше легких частиц. А другой может иметь меньше нуклонов, но при этом на поверхности элемента будет много частиц синего цвета, которые увеличивают суммарное Поле Притяжения. Так что можно ошибочно отнести элемент с меньшим количеством вещества к более нижележащему периоду, чем это есть на самом деле.

Взвешивание и измерение степени отклонения в магнитном поле – это важные факторы оценки качества химических элементов, но далеко не единственные. Нужно об этом помнить.

В действительности, даже сейчас, у периодической системы два классифицирующих признака. Один – всем известен. Это масса, или положительный заряд. А второй – это выраженность металлических или неметаллических свойств. Сочетание этих двух факторов – масса (положительный заряд) и металличность/неметалличность – и определяет положение химического элемента в таблице и его химические свойства. Но говорить так – не совсем верно. Правильнее будет использовать те классифицирующие признаки, которые предложим вам мы. Вы можете принять их в качестве рабочей гипотезы, и проанализировать на их основе периодическую таблицу и все имеющиеся элементы, особое внимание уделив их химическим свойствам и физическим свойствам веществ, включающие в свой состав эти элементы.

Вот эти два признака или фактора.

Первый из них.
Общее количество вещества в элементе. Сколько всего частиц и какого качества. Общая качественно-количественная характеристика всего тела химического элемента. Это означает, что вот, есть тело химического элемента. Он как мини-планета. И нас интересует, сколько в нем элементарных частиц, и какого они качества. Сколько частиц с Полем Притяжения, и какова величина этого Поля у каждой из них. А также, сколько частиц с Полем Отталкивания и какова скорость истечения эфира у каждой. Частицы в химических элементах собраны в конгломераты – нуклоны - протоны, нейтроны и другие. Как мы можем точно установить, сколько всего частиц в химическом элементе, и какие они? Думаю, это трудная задача. Однако сама периодическая таблица уже частично отвечает на этот вопрос. Верхние периоды – мало частиц в составе элементов. Нижние – много. Чем выше период, тем меньше общее число частиц. Чем ниже – тем больше. Но не путайте малое количество вещества с малой массой. Я знаю, такая традиция – называть количество вещества при помощи понятия «масса» пошла со времен И. Ньютона, это он так делал. И авторитет, конечно, давит. Но нужно осознавать, что масса – это не количество вещества. Масса – это Поле Притяжения. А кроме него есть еще и Поле Отталкивания.

Можно сказать, *общее количество вещества (нуклонов) – вот первый классифицирующий фактор*. Их число и качество обуславливает общие особенности Силового Поля химического элемента. Поле Притяжения какой величины имел бы химический элемент, не будь у него поверхностных слоев.

А вот *второй фактор, важный для классификации - это как раз «внешний узор» химического элемента, особенности качества его поверхностных слоев.* В данном случае для нас важно качество нуклонов, слагающих поверхностные слои элемента. Ведь нуклоны бывают такие разные. Шесть цветов в нашем распоряжении. Да и уровней Физического Плана так много. Посудите сами, как много комбинаций можно составить в построении различных типов нуклонов. Качественно-количественный состав нуклонов мы именуем одним словом – *качество*. Вот и получается, что различия в качестве нуклонов, слагающих поверхность химических элементов, становятся причиной разницы в качестве самих химических элементов. А качество – это всегда Силовое Поле.

Каждый нуклон в составе химического элемента обладает своим собственным Силовым Полем. Иначе говоря, нуклоны характеризуются тем или иным цветом. Ведь цвет – это качество Силового Поля. Конечно, ни один нуклон не имеет в своем составе частицы только одного какого-либо цвета. Можно говорить лишь о преобладающем цвете. Другие цвета тоже могут присутствовать. Абсолютно четких градаций во всем, что касается конгломератов частиц, обнаружить в Природе невозможно. Чистые цвета могут представлять только истинно неделимые частицы.

Цвет нуклона - это его Поле Притяжения или Поле Отталкивания, и величина того или другого.

Но почему нам так важен цвет нуклонов именно поверхностных слоев химического элемента?

Да потому что именно поверхностные слои нуклонов, прежде всего, являются причиной, объясняющей возможность или невозможность образования или распада связей. Любая связь – это притяжение, а отсутствие – действие Сил Отталкивания. Поверхностные нуклоны участвуют в процессах перераспределения свободных фотонов, что также очень важно для протекания химических реакций. Свободные фотоны – это энергия. Когда один элемент забирает у другого (снимает с него) энергию, эта энергия, поступая в тело этого элемента, накапливаясь на его поверхности, становится причиной распада химических связей (если элемент до этого был в составе того или иного химического соединения). В свою очередь, тот элемент, с которого свободные фотоны были сняты, сам начинает стремиться образовать связь с каким-нибудь элементом, так как его поверхностные слои оказываются оголенными, из-за чего суммарное Поле Притяжения проявляется в большей мере.

И, конечно, элементы с разным цветом нуклонов поверхностных слоев обладают совершенно разными химическими свойствами – они по-разному взаимодействуют с остальными типами элементов. ***За это отвечает номер группы периодической таблицы***. В дальнейшем мы укажем, какая группа, в какой цвет окрашена. Обратите внимание, цвет нуклона – это преобладающий цвет элементарных частиц в составе нуклона. Частиц какого цвета больше, таким и будет основной цвет нуклона. При этом, частицы одного цвета могут принадлежать к совершенно разным диапазонам. Да так оно, собственно, и есть. Среди гамма фотонов и ренгеновских, УФ и видимых, инфракрасных и радио есть фотоны одинакового цвета. Ведь каждый диапазон – это спектр.

Еще заметьте, цвет химических элементов – это не цвет их поверхностных нуклонов. Цвет химических элементов зависит от того, свободные фотоны какого цвета и диапазона накапливаются поверхностными нуклонами элемента.

Еще очень важна общая величина Поля Притяжения или Поля Отталкивания элемента, которая зависит от общего числа нуклонов в элементе. *На это указывает номер периода.*

Цветовая палитра поверхности уточняет общий рисунок Силового Поля элемента. Красные частицы – это всегда Поле Отталкивания. Желтые – слабое Поле Притяжения. Синие – сильное Поле Притяжения. Участки с Полем Притяжения усиливает общее Поле Притяжения элемента. А участки с Полем Отталкивания ослабляют общее притяжение элемента. Это довольно сложно описывать. Но вы в ходе медитаций должны постараться представить эту непростую картину. Получается, что внешние нуклоны определяют особенности Силового Поля, проявляющегося вовне. А это напрямую влияет на особенности химических свойств элементов. *Участки с Полями Притяжения отвечают за образование связей между химическими элементами, а также за накопление свободных фотонов.* Связи между элементами в химии носят название химических – а как же иначе, ведь их изучает ХИМИЯ (у любой области науки свои названия для одного и того же – !). Но на самом деле, это все те же, известные физикам, гравитационные связи. Области с Полями Отталкивания в составе элементов отвечают за отсутствие связей между элементами. Вспомните газы, например. Они вообще мало с чем связываются. Элементы газов летают свободные, друг с другом не связанные. А все благодаря зонам отталкивания в их составе. Вот она, великая Сила Отталкивания в действии. Мир, как видите, устроен гармонично – есть притяжение, и есть отталкивание.

А сейчас расскажем, из чего состоят тела химических элементов. И что такое «нуклоны».

Можно считать, что нуклон – протон, нейтрон и любая другая составная элементарная частица – это простейший вид конгломерата частиц. Точнее – почти простейший. Мельчайшая разновидность конгломерата – это объединение истинно неделимых частиц, принадлежащих к одному диапазону.

В соответствии с Законом Аналогии – «как внизу, так и наверху» - в любом нуклоне в миниатюре представлен весь Физический План. Там можно найти радио-фотоны, и инфракрасные, видимого диапазона, и ультрафиолетовые, рентгеновские и гамма. Любых цветов – имеются в виду 7 цветов, из которых 3 основных и 4 комплексных. Нуклоны первоначально оформились на ранних стадиях существования Вселенной, когда все частицы разом проявились в Пространстве, расположившись в виде концентрических сфер. В дальнейшем они устремились под влиянием Сил Притяжения к центру Вселенной и к частицам с наибольшими по величине Полями Притяжения (в составе отдельных диапазонов).

Как известно, любой План поделен на диапазоны. И Физический План - не исключение. Каждый диапазон – это спектр. Гамма фотоны, рентгеновские, ультрафиолетовые, видимые, инфракрасные, радио – это как раз и есть истинно неделимые частицы Физического Плана. А шкала частот электромагнитных волн как раз и указывает нам первоначальный порядок расположения фотонов в составе данного Плана. Гамма фотоны - это самый нижний уровень. В гамма-фотонах эфир исчезает с наибольшей скоростью. Затем идут рентгеновские. Потом ультрафиолетовые. Видимые. Инфракрасные. И, наконец, радио. В них скорость исчезновения эфира наименьшая по сравнению с другими диапазонами.

В каждом диапазоне, из фотонов разного цвета, сформировались мельчайшие конгломераты. Вот они то, как раз и выступают в роли *простейших конгломератов частиц* - самых маленьких нуклонов, из которых образуются нуклоны большего масштаба. А протоны, нейтроны – это как раз и есть нуклоны большего масштаба. Но не только они. Существует множество разновидностей других комплексных элементарных частиц. Из них и состоит тело химического элемента. Тело – это то, что в науке называют «ядро» - можно и так. «Летающие по орбитам электроны» - это свободные фотоны, накапливающиеся на поверхности нуклонов и в промежутках между ними.

Следует помнить о том, что качественно-количественный состав нуклонов может быть абсолютно любым. Возникали всевозможные комбинации частиц разных цветов и разных диапазонов. Однако несколько правил можно вывести путем простейшего рассуждения. В центре любого нуклона обязательно должны присутствовать частицы с Полями Притяжения (синие и желтые). Еще – самые тяжелые частицы (с наибольшими Полями Притяжения) всегда оказываются в центре нуклона.

Как вы видите, это весьма непростой предмет. В ходе попыток детально описать строение химического элемента сталкиваешься с огромным количеством одновременно действующих факторов. Огромное множество частиц самого разного качества. И как же они будут взаимодействовать друг с другом? Что мы получим в итоге? Единственно, что успокаивает – мы не творцы химических элементов. Они уже существуют, из них все построено. И как-то они построены, а значит, это вопрос времени и ума – узнать конкретные детали строения.

Следует добавить. В любом химическом элементе, так же, как и в недрах небесных тел, постоянно идет перемешивание вещества – нагретое из центральной части устремляется на периферию, а остывшее с периферии устремляется назад, в центр.

07. АНАЛИЗ ПЕРИОДИЧЕСКОЙ ТАБЛИЦЫ - ЦВЕТ ПОВЕРХНОСТНЫХ НУКЛОНОВ ДЛЯ ЭЛЕМЕНТОВ РАЗНЫХ ГРУПП

Наконец настало время поговорить о конкретном качестве каждой группы химических элементов – об их цвете. Точнее, о цвете поверхностных слоев нуклонов. Я шла к точному пониманию деталей этого вопроса несколько лет. Для этого нужно было очень точно все понять и проанализировать. И, конечно, провести бессчетное число медитативно-телепатических сеансов настройки на сознание Джуал Кхула, в ходе которых я мысленно вопрошала и также мысленно получала ответы. Медитация и визуализация – вот методы постижения процессов и явлений окружающего мира.

Цвет химических элементов - это чрезвычайно важный и интересный вопрос, настоящий «ключ к химии». Преобладающий цвет частиц в составе нуклонов дает нам информацию о качестве того или иного химического элемента.

В учебниках по химии утверждается, что химические свойства химических элементов определяются числом электронов на их внешних орбиталях.

Для нас это абсолютно ничего не объясняющее утверждение.

И мы его не принимаем. Точнее, принимаем с огромной натяжкой.

Мы не согласны с тем, что число электронов вокруг ядра может быть ничтожно мало – 1, 2, 3, 4, 5, 6 и т.д. Мы полагаем, электронов накапливается на поверхности элементов несчетное количество. Электроны – это свободные фотоны, частицы Физического Плана, испущенные тем или иным источником света. Главным образом – это Солнце.

Единичные электроны не «размазаны» по орбиталям – то ли волна, то ли частица. Это именно частицы – фотоны. И они не летают вокруг ядра, а покоятся на нуклонах ядра и в промежутках между ними. Единственно, что мы можем допустить – это фактор движения электронов-фотонов – они перетекают по поверхности, катаются там, погружаются и всплывают, падают и взлетают. Но это движение не происходит так, как летают планеты вокруг Солнца. Химический элемент – это мини-планета. И все частицы в составе этой «планеты» ведут себя подобно химическим элементам в составе настоящей планеты.

Именно преобладающий цвет частиц в составе химического элемента обуславливает его химические свойства. А точнее, преобладающий цвет частиц его поверхностных слоев. Именно в этом мы перекликаемся с официальной наукой – у них внешние электроны, у нас цвет внешних слоев. Цвет поверхностных нуклонов – т.е. Поля Притяжения или Поля Отталкивания, и какой величины – объясняет способность элемента образовывать связи с другими элементами – химическая связь в действительности гравитационная, а также способность забирать и отдавать свободные фотоны (т.е. электроны). Также цвет поверхностных нуклонов объясняет то, свободные фотоны какого диапазона и цвета будут преимущественно накапливаться на элементе.

Вот здесь как раз стоит немного остановиться на очень важном моменте.

Цвет веществ – это не цвет поверхностных нуклонов.

Цвет химического элемента обусловлен преобладающим цветом и диапазоном свободных фотонов, которые накапливаются на его поверхности.

А цвет и диапазон накапливаемых фотонов в свою очередь зависят от двух факторов.

От цвета поверхностных нуклонов – т.е. Поле Притяжения или Поле Отталкивания и какой величины.

И от суммарной характеристики Силового Поля элемента – Поле Притяжения или Поле Отталкивания и какой величины.

Фотоны, лежащие на поверхности элемента, выбиваются падающими на них потоками света (летящими и падающими фотонами), и испускаются. Которых больше, таким и будет цвет элемента. Если на поверхности лежат фотоны не видимого диапазона, а, например, ИК или радио, то элемент будет бесцветным.

Однако вернемся к анализу периодической таблицы.

Совершенно неслучайно элементы объединяются в группы в соответствии со сходством их химических свойств. И нуклоны в каждой группе характеризуются определенным цветом. Это преобладающий цвет элементарных частиц в их составе.

Следует добавить, что цвет нуклонов, как в составе поверхностных слоев, так и на поверхности, примерно одинаков. Преобладание в нуклонах частиц того или иного цвета объясняется местом и условиями, в которых происходило формирование этих нуклонов. Частицы какого цвета господствовали, тот цвет и становится ведущим.

Давайте обратимся к каждой из 8 групп и проанализируем цвет нуклонов в элементах этих групп.

Заметьте, здесь отсутствует голубой, который не является самостоятельным цветом. Он – светлый оттенок синего.

В спектре 6 самостоятельных цветов – три основных и три дополнительных, комплексных. Основные – красный, желтый, синий. Комплексные – оранжевый, зеленый и фиолетовый.

Напомним, что цвет частицы определяется скоростью творения в ней эфира (энергии, Духа, Света).

Собственно, любой диапазон частиц состоит всего из трех типов частиц – из синих, желтых и красных. Однако среди частиц любого из трех этих цветов есть частицы различной тяжести (мы не говорим – различной массы, поскольку среди них есть частицы, как с массой, так и с антимассой). Среди частиц любого из трех основных цветов есть тяжелые, средние и легкие. Можно сказать иначе – частицы с разной по величине Силой Притяжения. При этом сам чистый основной цвет представлен частицами средней тяжести, средней Силы Притяжения. Синий – средними синими. Желтый – желтыми средними. И красный тоже.

А вот тяжелые и легкие частицы как раз и участвуют в формировании трех комплексных цветов – фиолетового, зеленого и оранжевого. Синие тяжелые – фиолетовый. Синие легкие – зеленый. Желтые тяжелые – зеленый. Желтые легкие – оранжевый. Красные тяжелые – оранжевый. Красные легкие –

фиолетовый, но соседнего диапазона, верхнего по отношению к данному.

Цвета с 1 группы по 8 следуют почти по порядку – так, как они располагаются в спектре. Мы использовали слово «почти». Что это значит?

В настоящий момент в таблице элементов Менделеева 8 групп. Вы скажете – их больше, чем 6 цветов. А мы ответим – число групп должно быть еще больше, чем сейчас. Те длинные вставочные группы металлов, которые вклиниваются в больших периодах, начиная с 3 группы, и которые именуются *d-элементами* и *f-элементами* следует поднять вверх и вставить между 1 и 2 группами, между щелочными и щелочноземельными металлами. *d-элементы*: с 21 номера по 30 (скандий – цинк), с 39 по 48 (иттрий – кадмий) и *f-элементы*: с 57 по 89 (лантан – ртуть) – эти химические элементы представляют собой переход от фиолетового к синему, и дальше к сине-зеленому. Эти переходные элементы следует поднять вверх, так, чтобы они начинались со 2 периода. Например, элементы вставочной подгруппы, начинающейся со скандия, оказались гораздо тяжелее лития, бериллия, бора, потому что их поверхностные нуклоны в качестве преобладающего имеют синий цвет. А синие фотоны самые тяжелые. Находясь в составе поверхностных нуклонов, они увеличивают Поле Притяжения элемента.

Сколько следует ввести новых групп? Возможно, 5. В дальнейшем следует поговорить об этом. Положение всех металлов в периодической таблице следует заново пересмотреть – проанализировать их физические и химические свойства. При этом следует учитывать их плотность, способность реагировать с другими химическими элементами, радиус элементов, мягкость-твердость, хрупкость-прочность, температуру плавления. Все эти свойства, вместе взятые, помогут выяснить, в какой период, и в какую группу следует определить металл.

----

1 группа – щелочные металлы – фиолетовые.

Цвет поверхностных нуклонов – фиолетовый. В основном. Не все, но много.

Почему фиолетовый?

Фиолетовый складывается из синих частиц и красных. Причем красные принадлежат к диапазону ниже уровнем. А синие - самые тяжелые из того диапазона, о котором идет речь.

Синие поглощают эфир (энергию), красные испускают. Синие притягивают, красные отталкивают. Синие – самые тяжелые (всегда). Красные – самые легкие (даже, если принадлежат к соседнему диапазону).

Вот такое интересное сочетание. Союз Духа и Материи, синие – Материя, красные – Дух.

Именно из этого необычного синтеза проистекают те необычные химические свойства, что характерны для щелочных металлов.

Мягкость. Литий, например, можно резать стальным ножом. Объяснение этой мягкости кроется как раз в том, что фиолетовый цвет содержит частицы красного цвета. Они испускают энергию. А испускаемая энергия всегда способствует ослаблению и разрушению связей между химическими элементами. Энергия ослабляет связи между элементами в составе вещества металла. Поэтому щелочные металлы мягкие.

Чем больше период, тем меньше мягкость, так как возрастает суммарное Поле Притяжения элементов.

Хорошо реагируют с неметаллами. С водой, например, порой со взрывом или просто с выделением большого количества энергии. Причина – все те же красные фотоны. Но не только они, синие тоже играют свою роль. Почему, например, воспламеняется калий в реакции с водой? Вода содержит кислород. Кислород – это элемент желто-оранжевой гаммы (преобладает оранжевый) – речь идет об окраске поверхностных нуклонов. Кислород легко отдает накопленные им свободные фотоны – окисляет. Водород – самый легкий из металлов. Протий – это как раз элемент, относящийся к группе щелочных металлов. Он обладает способностью отнимать свободные фотоны. Хотя эта способность и не выражена в такой мере, как у более тяжелых металлов. Калий – это ярко выраженный представитель щелочных металлов. Синие частицы в составе его нуклонов отбирают у других элементов много энергии. Фотоны, попадая на нуклон, не находятся в покое. Они движутся по поверхности, происходит их постоянное перемещение. И когда они попадают на область нуклона, где располагаются красные частицы, эти свободные фотоны отталкиваются, т.е. скорость их движения возрастает. В итоге, в веществе свободные фотоны движутся с большой скоростью. А у любых движущихся частиц из-за трансформации уровень энергии всегда выше, нежели у обычных, покоящихся. Так что происходит ослабление и разрушение химических связей.

Калий, попадая в воду, отбирает у кислорода фотоны. Эти фотоны разгоняются в веществе калия, вызывая его быстрый распад. Когда элементы кислорода теряют энергию, оказываются оголенными зоны, где до этого были свободные фотоны. В этих зонах величина Полей Притяжения больше. В итоге, кислород присоединяется к элементам калия, не теряя связи с водородом. Так возникает щелочь – гидроксид калия.

А воспламеняется калий в воде, потому что отбирает много энергии у кислорода (больше, чем натрий и литий, так как его суммарное Поле Притяжения больше. Эти фотоны (энергия) разгоняется красными частицами нуклонов. А так как энергии отнято много, то и эффект соответствующий - горение.

Новые группы, которые мы хотим добавить, переместив наверх d-элементы, это переход от фиолетового к синему, а затем к сине-зеленому.

Если металл мягкий – это говорит о фиолетовом цвете его поверхностных частиц. Красные фотоны способствуют ослаблению связей – это и есть причина мягкости.

Если металл твердый и прочный – это свидетельствует о синем цвете его поверхностных нуклонов.

Если металл непрочный и хрупкий – это говорит о том, что в составе его поверхностных слоев немало фотонов желтого цвета. В данном случае, речь идет о желтых фотонах в составе зеленого цвета.

Щелочноземельные металлы как раз не самые прочные из всех. Бериллий, например, очень непрочен.

И магний тоже хрупок. Это как раз говорит о том, что их поверхностные нуклоны сине-зеленого цвета.

Металлы d- и f-элементы мы рекомендуем поднять и определить в самостоятельные группы.

Их поверхностные нуклоны синего цвета – этот цвет преобладает.

О чем это говорит? О прочности связей между элементами. Именно поэтому среди этих химических элементов самые твердые и прочные металлы. Например, вольфрам. Да и другие просто так ножом не порежешь, как щелочные, например.

Синие частицы обладают самыми большими Полями Притяжения.

Мягкие металлы среди d- и f-элементов – это переходные от фиолетового цвета к синему – т.е. в них, в составе поверхностных слоев немало красных, которые ослабляют связи.

----

2 группа – щелочноземельные – сине-зеленые.

В этой группе, в составе поверхностных нуклонов, уже не только синие частицы, но и желтые, хотя последних еще немного.

Желтые обладают небольшими Полями Притяжения, что ослабляет связи между элементами. Из-за этого щелочноземельные металлы недостаточно прочные. Причем, чем выше период, тем больше хрупкость.

----

3 группа – бор, алюминий, галлий и т.д. – *зеленые.* В этой группе, в составе поверхностных слоев элементов, поровну желтых и синих частиц, которые в сумме составляют зеленый цвет.

Из-за желтых частиц, из-за их небольших по величине Полей Притяжения, а также из-за того, что синие в составе зеленого цвета – это самые легкие из синих частиц, у химических элементов этой группы наблюдается еще большее ослабление величины суммарных Полей Притяжения по сравнению с элементами предыдущей группы. Бор, к примеру, это вообще неметалл.

----

4 группа – группа углерода – зелено-желтые. В этой группе, в составе нуклонов, еще меньше синих частиц. Преобладают желтые – непосредственно желтый цвет и желтые в составе зеленого. Из-за этого неметаллические свойства элементов данной группы еще больше возрастают, а металлические уменьшаются. Если сравнивать с соседней, 3 группой, неметаллов становится больше. В 3 группе это был только бор. А в 4 – углерод, кремний, германий. Причина – Поля Притяжения оказываются в целом меньше по величине.

----

5 группа – группа азота – желто-оранжевые. Красные фотоны в составе оранжевого цвета являются основной причиной легкости элементов данной группы. Азот – при нормальных условиях, газ. Обратите внимание, именно начиная с этой группы, элементы 2 периода находятся в газообразном состоянии. И все благодаря красным фотонам. Испуская энергию, они уменьшают Поля Притяжения элементов. Их агрегатное состояние становится разреженнее. Сами элементы легче.

У азота много желтых фотонов. Это частицы со слабыми Полями Притяжения. Такие частицы не аккумулируют много свободных фотонов. А также желтые фотоны не позволяют устанавливать прочные связи между контактирующими элементами (в отличие от фотонов синего цвета).

Но элементы группы азота не столь сильные окислители в отличие от кислорода и фтора, например. Причина – недостаток красных фотонов. Когда красные частицы расположены вперемешку с частицами желтого цвета, они ослабляют Поля Притяжения этих желтых частиц. В результате чего, желтые легче отдают со своей поверхности накопленные свободные фотоны элементам с более выраженными металлическими свойствами, т.е. с большими Полями Притяжения. Этот процесс отдачи свободных фотонов – это и есть окисление. Способность к окислению именуется в химии *электроотрицательностью*.

----

6 группа – группа кислорода – оранжевые. Элементы группы кислорода сильные окислители, потому что их поверхностные фотоны в сумме дают оранжевый цвет. Желтые плюс красные фотоны. Причина, по которой красные частицы, способствуют отдаче свободных фотонов их соседями, желтыми (или синими), была описаны выше, только что. Чем больше красных, тем легче делятся свободными фотонами желтые. Однако здесь тоже нужно не переборщить. Если желтых будет слишком мало, суммарное количество отданных ими фотонов будет недостаточно. Вот, например, у благородных газов очень много красных. А в итоге, они вообще не окислители, потому что нет или недостаточно фотонов, накапливающих фотоны. А красные, как известно, накапливать фотоны не могут, поскольку не имеют Поля Притяжения.

----

7 группа – группа фтора - оранжево-красные, тоже больше оранжевого. У элементов группы фтора еще больше красных фотонов в составе поверхностных нуклонов. Именно поэтому галогены самые сильные окислители, превосходящие в этом отношении группу кислорода. Т.е. на шкале электроотрицательности они располагаются правее большинства элементов.

----

8 группа – группа инертных газов – красные.
Частицы красного цвета на всех Планах являются источниками эфира (энергии). Они не могут накапливать свободные фотоны. Они способствуют разреженному агрегатному состоянию вещества – чтобы связи между элементами не возникали или были слабыми. Мы это и видим на примере благородных газов – с другими элементами практически не реагируют. И все в газообразном состоянии.

Чем больше красных, тем легче делятся свободными фотонами желтые. Однако здесь тоже нужно не переборщить. Если желтых будет слишком мало, суммарное количество отданных ими фотонов будет недостаточно. Вот, например, у благородных газов очень много красных. А в итоге, они вообще не окислители, потому что нет или недостаточно фотонов, накапливающих фотоны. А красные, как известно, накапливать фотоны не могут, поскольку не имеют Поля Притяжения.

Помимо всего сказанного, следует вспомнить, что у каждого элемента есть *изотопы*. Это элементы с практически идентичными физико-химическими свойствами, однако, имеющие небольшую разницу в весе. Это и неудивительно, что они существуют. Было бы странно, если бы их не было. Изотопы можно рассматривать как переходы между периодами в пределах одной группы. Чуть увеличивается общее количество вещества, хотя цвет нуклонов остается неизменным – и вот перед нами уже слегка отличающийся химический элемент.

Здесь же следует добавить важный момент, касающийся и инертных газов, и элементов 1 периода.

Как известно, в настоящий момент в 1 периоде находятся всего 2 химических элемента – водород и гелий. Причем, ученые до сих пор не решили, в какую группу следует определить водород – в 1 или в 7.

На наш взгляд, всю эту ситуацию с 1 периодом следует изменить следующим образом.

Во-первых, мы считаем, что все инертные газы нужно сдвинуть на период вниз. Зачем? А затем, что во Вселенной должны существовать еще более легкие инертные газы, нежели гелий. По причине своей легкости, они слабо притягиваются небесными телами, и поэтому на Земле мы их точно не обнаружим. Да и на других небесных телах тоже вряд ли.

Мы убеждены, что водород – это самый легкий из известных металлов, и располагать его надо в 1 группе. На это указывают химические свойства водорода. Его значительная восстановительная способность, проявляемая им в химических реакциях по отношению ко многим элементам сильным окислителям, например, к галогенам, кислороду и другим. Водород – это газ–металл. Как известно, есть несколько изотопов водорода – протий (который мы обычно и именуем водородом), дейтерий и тритий. В этом ряду возрастает тяжесть водорода, его вес, проявляемая им Сила Притяжения. Тритий самый тяжелый, а протий – самый легкий. Вероятно, протий – это газ-щелочной металл. А дейтерий и тритий - это элементы, относящиеся к несуществующим ныне группам d-элементов, которые мы предлагаем ввести. Они потому тяжелее протия, почему и d-элементы тяжелее щелочных металлов (почему и оказались в нижних периодах). В отличие от протия цвет их нуклонов синий, а не фиолетовый.

Если бы гелий должен был находиться в 1 периоде, как и водород, тогда обязательно существовали бы химические элементы остальных групп между 1 и 8. Но они нам не известны. Следовательно, естественно предположить, что гелий - это элемент 8 группы 2 периода. И есть еще много химических элементов легче трех «изотопов» водорода. Должны существовать газы аналоги всех групп - 2, 3, 4, 5, 6, 7 и 8. Газы со свойствами щелочноземельных металлов, группы бора, углерода, азота, кислорода, галогенов и инертных газов. Конечно, их свойства будут слегка изменены из-за большой легкости этих элементов. Возможно, есть элемент еще больший окислитель, нежели фтор. И есть также мощный окислитель, подобный кислороду. Элементы остальных групп также будут во-многом походить на элементы их предшественников из 2 периода. Супер-бериллий, супер-бор, супер-углерод. *Супер-азот, супер-кислород, супер-галоген и супер-инертный газ. Все супер-элементы будут газами*.

Вот такое предсказание мы делаем и абсолютно уверены в своей правоте.

08. ЭЛЕКТРООТРИЦАТЕЛЬНОСТЬ, СТЕПЕНЬ ОКИСЛЕНИЯ, ОКИСЛЕНИЕ И ВОССТАНОВЛЕНИЕ

Давайте обсудим смысл крайне интересных понятий, существующих в химии, и как часто бывает в науке, достаточно запутанных, и используемых в перевернутом виде. Речь пойдет об «электроотрицательности», «степени окисления» и «окислительно-восстановительные реакции».

Что это означает – понятие используется в перевернутом виде?

Постараемся постепенно рассказать об этом.

Электроотрицательность демонстрирует нам окислительно-восстановительные свойства химического элемента. Т.е. его способность забирать или отдавать свободные фотоны. А также является ли данный элемент источником или поглотителем энергии (эфира). Ян или Инь.

Степень окисления - это понятие, аналогичное понятию «электроотрицательность». Оно тоже характеризует окислительно-восстановительные свойства элемента. Но между ними есть следующая разница.

Электроотрицательность дает характеристику отдельно взятому элементу. Самому по себе, вне нахождения его в составе какого-либо химического соединения. В то время как степень окисления характеризует его окислительно-восстановительные способности именно тогда, когда элемент входит в состав какой-либо молекулы.

Давайте немного поговорим о том, что такое способность окислять, и что такое способность восстанавливать.

Окисление – это процесс передачи другому элементу свободных фотонов (электронов). *Окисление – это вовсе не отнятие электронов, как это ныне считается в науке.* Когда элемент окисляет другой элемент, он действует подобно кислоте или кислороду (отсюда и название «окисление»). *Окислять – значит способствовать разрушению, распаду, горению элементов.* Способность окислять – это способность вызывать разрушение молекул передаваемой им энергией (свободными фотонами). Помните о том, что энергия всегда разрушает вещество.

Удивительно, как долго в науке существуют противоречия в логике, никем не замечаемые.

Вот, например: «Теперь мы знаем, что окислитель – вещество, которое приобретает электроны, а восстановитель – вещество, которое их отдает» (Энциклопедия юного химика, статья «Окислительно-восстановительные реакции)».

И тут же, двумя абзацами ниже: «Самый сильный окислитель – электрический ток (поток отрицательно заряженных электронов)» (там же).

Т.е. *в первой цитате говорится, что окислитель – это то, что принимает электроны, а во второй окислителем называют то, что отдает.*

И подобные ошибочные, противоречащие друг другу выводы заставляют заучивать в школах и институтах!

Известно, что лучшие окислители – это неметаллы. Причем, чем меньше номер периода и больше номер группы, тем сильнее выражены свойства окислителя. Это и неудивительно. Мы разбирали причины этого в статье, посвященной анализу периодической системы, во второй части, где говорили о цвете нуклонов. От 1 группы к 8 цвет нуклонов в элементах постепенно меняется от фиолетового к красному (если учесть еще синий цвет d- и f-элементов). Сочетание желтых и красных частиц облегчает отдачу накапливаемых свободных фотонов. Желтые накапливают, но удерживают слабо. А красные способствуют отдаче. Отдавать фотоны – это и есть процесс окисления. Но когда одни красные, то нет частиц, способных накапливать фотоны. Именно поэтому элементы 8 группы, благородные газы, не окислители, в отличие от их соседей, галогенов.

Восстановление – это процесс, противоположный окислению. Ныне, в науке, считается, что когда химический элемент получает электроны, он восстанавливается. Такую точку зрения вполне можно понять (но не принять). При изучении строения химических элементов, было обнаружено, что они испускают электроны. Сделали вывод, что электроны входят в состав элементов. Значит, передача элементу электронов – это, своего рода, восстановление его утраченной структуры.

Однако на самом деле все не так.

Электроны – это свободные фотоны. Они – не нуклоны. Они не входят в состав тела элемента. Они притягиваются, поступая извне, и накапливаются на поверхности нуклонов и между ними. Но их накопление ведет вовсе не к восстановлению структуры элемента или молекулы. Напротив, эти фотоны испускаемым ими эфиром (энергией), ослабляют и разрушают связи между элементами. А это процесс окисления, но не восстановления.

Восстанавливать молекулу, в действительности, - забирать у нее энергию (в данном случае, свободные фотоны), а не сообщать. Отбирая фотоны, элемент-восстановитель уплотняет вещество – восстанавливает его.

Лучшие восстановители – металлы. Это свойство закономерно следует из их качественно-количественного состава – их Поля Притяжения наибольшие и на поверхности обязательно присутствует много или достаточно частиц синего цвета.

Можно даже вывести следующее определение металлов.

Металл – это химический элемент, в составе поверхностных слоев которого обязательно есть синие частицы.

А *неметалл* – это элемент, в составе поверхностных слоев которого нет или почти нет фотонов синего цвета, и обязательно есть красные.

Металлы своим сильным притяжением прекрасно отнимают электроны. И поэтому они восстановители.

Дадим определение понятий «электроотрицательность», «степень окисления», «окислительно-восстановительные реакции», которые можно встретить в учебниках по химии.

«*Степень окисления* – условный заряд атома в соединении, вычисленный исходя из предположения, что оно состоит только из ионов. При определении этого понятия условно полагают, что связующие (валентные) электроны переходят к более электроотрицательным атомам, а потому соединения состоят как бы из положительно и отрицательно заряженных ионов. Степень окисления может иметь нулевое, отрицательное и положительное значения, которые обычно ставятся над символом элемента сверху.

Нулевое значение степени окисления приписывается атомам элементов, находящихся в свободном состоянии…Отрицательное значение степени окисления имеют те атомы, в сторону которых смещается связующее электронное облако (электронная пара). У фтора во всех его соединениях она равна -1. Положительную степень окисления имеют атомы, отдающие валентные электроны другим атомам. Например, у щелочных и щелочноземельных металлов она соответственно равна +1 и +2. В простых ионах она равна заряду иона. В большинстве соединений степень окисления атомов водорода равна+1, но в гидридах металлов (соединениях их с водородом) и других - она равна −1. Для кислорода характерна степень окисления -2, но, к примеру, в соединении с фтором она будет +2, а в перекисных соединениях -1. ...

Алгебраическая сумма степеней окисления атомов в соединении равна нулю, а в сложном ионе – заряду иона. ...

Высшая степень окисления – это наибольшее положительное ее значение. Для большинства элементов она равна номеру группы в периодической системе и является важной количественной характеристикой элемента в его соединениях. Наименьшее значение степени окисления элемента, которое встречается в его соединениях, принято называть низшей степенью окисления; все остальные – промежуточными» (Энциклопедический словарь юного химика, статья «Степень окисления»).

Вот основные сведения, касающиеся данного понятия. Оно тесно связано с другим термином – «электроотрицательность».

«*Электроотрицательность* – это способность атома в молекуле притягивать к себе электроны, участвующие в образовании химической связи» (Энциклопедический словарь юного химика, статья «Электроотрицательность»).

«Окислительно-восстановительные реакции сопровождаются изменением степени окисления атомов, входящих в состав реагирующих веществ, в результате перемещения электронов от атома одного из реагентов (восстановителя) к атому другого. При окислительно-восстановительных реакциях одновременно происходят окисление (отдача электронов) и восстановление (присоединение электронов)» (Химический Энциклопедический Словарь под ред. И.Л. Кнунянц, статья «Окислительно-восстановительные реакции»).

На наш взгляд, в этих трех понятиях сокрыто немало ошибок.

Во-первых, мы считаем, что образование химической связи между двумя элементами – это вовсе не процесс обобществления их электронов. ***Химическая связь – это гравитационная связь.*** Электроны, якобы летающие вокруг ядра, это свободные фотоны, накапливающиеся на поверхности нуклонов в составе тела элемента и между ними. Для того, чтобы между двумя элементами возникла связь, их свободным фотонам нет нужды курсировать между элементами. Этого не происходит. В действительности, более тяжелый элемент снимает (притягивает) свободные фотоны с более легкого, и оставляет их у себя (точнее, на себе). А зона более легкого элемента, с которой были сняты эти фотоны, в той или иной мере оголяется. Из-за чего притяжение в этой зоне проявляется в большей мере. И более легкий элемент притягивается к более тяжелому. Так возникает химическая связь.

Во-вторых, современная химия видит способность элементов притягивать к себе электроны искаженно – перевернуто. Считается, что чем больше электроотрицательность элемента, тем в большей мере он способен притягивать к себе электроны. И фтор с кислородом якобы делают это лучше всего – притягивают к себе чужие электроны. А также другие элементы 6 и 7 групп.

На самом деле, данное мнение – это не более, чем заблуждение. Оно основано на ошибочном представлении, будто чем больше номер группы, тем тяжелее элементы. А также, тем больше положительный заряд ядра. Это ерунда. Ученые даже не удосуживаются до сих пор объяснить, что с их точки зрения представляет собой «заряд». Просто, как в нумерологии, пересчитали все элементы по порядку, и проставили в соответствии с номером величину заряда. Великолепный поход!

Это ясно и ребенку, что газ легче плотного металла. Как так получилось, что в химии считается, что газы лучше притягивают к себе электроны?

Плотные металлы, конечно, они, лучше притягивают электроны.

Ученые-химики, конечно, могут оставить в ходу понятие «электроотрицательность», раз уж оно столь употребительно. Однако им придется поменять его смысл на прямо противоположный.

Электроотрицательность – это способность химического элемента в молекуле притягивать к себе электроны. И, естественно, у металлов эта способность выражена лучше, чем у неметаллов.

Что же касается электрических полюсов в молекуле, то, действительно, **отрицательный полюс** – это элементы неметаллы, отдающие электроны, с меньшими Полями Притяжения. А **положительный** – это всегда элементы с более выраженными металлическими свойствами, с большими Полями Притяжения.

Улыбнемся вместе.

Электроотрицательность – это еще одна, очередная попытка описать качество химического элемента, наряду с уже существующими массой и зарядом. Как это часто бывает, ученые из другой области науки, в данном случае, химии, словно не доверяя своим коллегам физикам, а, скорее, просто потому, что любой человек, совершая открытия, идет своим собственным путем, а не просто исследуя опыт других.

Так вышло и в этот раз.

Масса и заряд никак не помогали химикам понять, что происходит в атомах при их взаимодействии друг с другом – и была введена электроотрицательность – способность элемента притягивать электроны, участвующие в образовании химической связи. Следует признать, что идея этого понятия заложена весьма верно. С той лишь поправкой, что она отражает реальность в перевернутом виде. Как мы уже говорили, лучше всего притягивают к себе электроны металлы, а не неметаллы – в силу особенностей цвета поверхностных нуклонов. Металлы – лучшие восстановители. Неметаллы – окислители. Металлы забирают, неметаллы отдают. Металлы – Инь, неметаллы – Ян.

Эзотерика приходит на помощь науке в вопросах постижения тайн Природы.

Что касается ***степени окисления***, то это хорошая попытка понять, как происходит распределение свободных электронов в пределах химического соединения – молекулы.

Если химическое соединение однородно – т.е. оно простое, его структура состоит из элементов одного типа – тогда все верно, действительно степень окисления любого элемента в соединении равна нулю. Так как в данном соединении нет окислителей и нет восстановителей. И все элементы равны по качеству. Никто не отнимает электроны, никто не отдает. Будь это плотное вещество, или жидкость, или газ – неважно.

Степень окисления, так же, как электроотрицательность, демонстрирует качество химического элемента – только в рамках химического элемента. Степень окисления призвана сравнить качество химических элементов в соединении. На наш взгляд, идея хорошая, но ее осуществление не вполне удовлетворяет.

В основу данного понятия, так же, как и понятия «валентность» положена идея, согласно которой каждый элемент имеет некие энергетические уровни, по которым летают электроны (с чем мы не вполне согласны). Номер периода показывает общее число этих уровней, а номер группы – число электронов на внешнем энергетическом уровне. И каждый элемент якобы стремится достроить свой внешний уровень, почему и вступает в химические связи с другими элементами. Именно поэтому степень окисления, как и валентность обычно соответствует номеру группы в периодической системе. Это высшая. Она якобы показывает, сколько электронов имеется на внешнем уровне у элемента, которыми он может поделиться с другими. А низшая степень окисления – это число 8 (общее число групп) минус номер группы. Она показывает, сколько электронов элементу не хватает до завершения внешнего уровня, и сколько он, якобы, намеревается позаимствовать у других.

Мы категорически против всей теории и концепции строения химических элементов и связей между ними. Ну, хотя бы потому, что число групп, по нашим представлениям, должно быть больше 8. А значит, вся данная система рушится. Да и не только это. Вообще, пересчитывать число электронов в атомах «по пальцам» - это как-то не серьезно.

В соответствии с нынешней концепцией получается, что самым сильным окислителям присвоены самые маленькие условные заряды – фтор имеет во всех соединениях заряд -1, кислород почти везде -2. А у очень активных металлов – щелочных и щелочноземельных – эти заряды соответственно, +1 и +2. Ведь это совершенно не логично. Хотя, повторим, мы очень хорошо понимаем общую схему, в соответствии с которой это было сделано – все ради 8 групп в таблице и 8 электронов на внешнем энергетическом уровне.

Уж, как минимум, величина этих зарядов у галогенов и кислорода должна была быть наибольшей со знаком минус. А у щелочных и щелочноземельных металлов тоже большой, только со знаком плюс.

В любом химическом соединении есть элементы, отдающие электроны — окислители, неметаллы, отрицательный заряд, и элементы, отнимающие электроны – восстановители, металлы, положительный заряд. Именно таким путем сравнить элементы, соотнести их друг с другом и пытаются, определяя их степень окисления.

Однако выяснять таким способом степень окисления, на наш взгляд, не совсем точно отражает реальность. Правильнее было бы сравнивать электроотрицательность элементов в молекуле. Ведь электроотрицательность – это почти то же, что и степень окисления (характеризует качество, только отдельно взятого элемента).

Можно взять шкалу электроотрицательности и проставить ее величины в формуле для каждого элемента. И тогда сразу будет видно, какие элементы отдают электроны, а какие забирают. Тот элемент, чья электроотрицательность в соединении наибольшая – отрицательный полюс, отдает электроны. А тот, чья электроотрицательность наименьшая – положительный полюс, забирает электроны.

Если элементов, допустим, 3 или 4 в молекуле, ничего не меняется. Все также ставим величины электроотрицательности и сравниваем.

Хотя при этом следует не забыть нарисовать модель строения молекулы. Ведь в любом соединении, если оно не простое, т.е. не состоит из одного типа элементов, связаны друг с другом, в первую очередь, металлы и неметаллы. Металлы отбирают электроны у неметаллов, и связываются с ними. И у одного элемента неметалла одновременно могут отбирать электроны 2 или большее число элементов с более выраженными металлическими свойствами. Так возникает сложная, комплексная молекула. Но это не означает, что в такой молекуле элементы-металлы вступят в прочную связь и друг с другом. Возможно, они будут располагаться на противоположных сторонах друг от друга. Если же рядом – они будут притягиваться. Но прочную связь образуют только в том случае, если один элемент более металличен, чем другой. Обязательно нужно, чтобы один элемент отбирал электроны – снимал. Иначе не произойдет оголения элемента – освобождения от свободных фотонов на поверхности. Поле Притяжения не проявится вполне, и прочной связи не будет. Это сложная тема – образование химических связей, и мы не будем подробно рассказывать об этом в этой статье.

Полагаем, мы достаточно подробно осветили тему, посвященную разбору понятий «электроотрицательность», «степень окисления», «окисление» и «восстановление», и предоставили вашему вниманию немало любопытной информации.

09. ПРИНЦИП ПОСТРОЕНИЯ ХИМИЧЕСКИХ ФОРМУЛ НЕ ТОЧЕН

Давайте обсудим очень щекотливый вопрос, касающийся принятого ныне в химии принципа построения химических формул. Можно считать, что большинство химических формул составлено не верно. Мы не оспариваем сам химический состав. Мы не возражаем против присутствия в веществах тех или иных типов химических элементов. Но нас не устраивают индексы, указывающие на число элементов в формуле. Точное количественное соотношение элементов в формулах совсем иное.

Во-первых, при построении химических формул и присвоении химическим элементам индексов отталкиваются от номера группы, в которой располагается данный элемент. А истинное число групп в периодической таблице вовсе не 8. Как минимум, 2-3 дополнительные группы составляют d- и f-элементы, которые следует располагать не в виде горизонтальных вставок, а вертикально.

Во-вторых, ученые не верно построили саму модель атома. Восемь электронов на внешнем уровне… Да и наличие самих этих уровней… Неверная концепция.

В-третьих, для ученых-химиков построение химических связей – это допостроение внешнего энерго-уровня до числа 8. Это число связано с общим числом групп в периодической системе.

Наука всегда смеялась над эзотерикой, и над нумерологией, в частности. Но сама стала ее жертвой, причем, в самой примитивной форме.

Вспомним, как сейчас строятся химические формулы, и как элементам в соединении присваиваются те или иные индексы, соответствующие числу атомов в соединении.

Индекс в химической формуле – это число, стоящее внизу справа, возле каждого химического элемента. Индексы указывают численное соотношение атомов в молекуле – так считается.

К слову сказать, мы не согласны даже с тем, что молекулы, как независимые структурные единицы вообще существуют.

На наш взгляд, в веществе все связано со всем, точнее, почти со всем.

Со школьной скамьи нас учат, что вода – это H_2O. Кислород, фор, водород, хлор – это O_2, F_2, H_2 и Cl_2. Углекислый газ – CO_2, серная кислота – H_2SO_4.

Поваренная соль – NaCl, хлорная кислота – HCl, едкие щелочи – NaOH и KOH.

Более одаренные ученики запоминают формулы и других щелочей, кислот, солей, оксидов и прочих соединений.

Вся эта информация вот уже много поколений прилежно всеми заучивается, и является, своего рода, святыней и общественным достоянием науки.

Но мы все же рискнем сказать вам, что эти формулы не совсем точно отражают истинное строение веществ. В целом, зачастую, они задают верное направление, но не более. А все потому, что вся эта схема построения формул основывается на неверном постулате о стремлении каждого химического элемента достроить свой внешний энергетический уровень до 8 электронов.

Попробуем уловить общую схему того, как в действительности построены вещества, которые нас окружают, и которые мы можем встретить на планете и в Космосе.

Во-первых, не существует молекул, как независимых скоплений атомов, не связанных химическими связями с другими атомами вещества.

Нет молекул воды, углекислого газа, щелочей, кислот, солей, оксидов и пр., и пр. в привычном смысле этого слова. Точнее, они есть, но их строение совсем иное, нежели это описано в учебниках по химии. Молекула воды - это атом кислорода, окруженный атомами водорода.

Молекула углекислого газа - это атом углерода, окруженный атомами кислорода.

Молекула серной кислоты – это атом кислорода, окруженный атомами водорода и серы. Атомов водорода много, серы – немного.

Молекула соляной кислоты – это атом хлора, покрытый атомами водорода.

Молекула фосфорной кислоты – это атом кислорода, окруженный элементами водорода и фосфора. Водорода гораздо больше.

Молекула едкого натра – это атом кислорода, окруженный атомами водорода и натрия. Натрия немного.

Молекула едкого кали – это атом кислорода, окруженный элементами водорода и калия. Водорода больше.

И так далее. При построении соединений следует исходить из выраженности металлических и неметаллических свойств элементов. Чем полярнее качество элементов, тем больше вероятность вступления их в связь друг с другом. За исключением благородных газов (причины их нереакционноспособности мы объясняли неоднократно – преобладание в составе нуклонов частиц красного цвета). *Чем левее и ниже расположен один из реагирующих элементов в таблице, и правее и выше другой, тем больше вероятность вступления их в связь друг с другом. Исходя из этого правила, мы и должны определять, какие элементы будут соединяться друг с другом в первую очередь, если элементов в соединении больше двух.*

Например, если в соединении три типа элементов – натрий, водород и кислород – очевидно, что натрий с водородом в первую очередь устремятся к кислороду, нежели друг к другу. Хотя между ними в дальнейшем также установится притяжение, но связь будет не такой прочной. А все потому, что водород и натрий принадлежат к одной группе, они оба металлы. Они лучше снимают с других свободные фотоны, нежели отдают их. А для образования прочной связи как раз и требуется, чтобы один элемент снимал фотоны с другого, оголяя его Поле Притяжения.

В веществе химические элементы просто соединяются друг с другом, в соответствии с принципом образования химических связей. Химическая связь – это притяжение, гравитация.

Для возникновения прочной химической связи нужен металл и неметалл. Точнее, *у взаимодействующих элементов выраженность металлических и неметаллических свойств должна различаться.* Только в этом случае элемент-металл сможет снять с неметалла свободные фотоны, и оголить его, тем самым.

Свободные фотоны обладают Полями Отталкивания (в большем числе). После их снятия элемент неметалл легко притягивается к металлу. Так и возникает химическая связь. Без этой «процедуры» связь не образуется.

Так возникает ковалентная связь. Вообще, *можно считать, что все связи в веществах ковалентные.* Есть полярные, и есть неполярные. Существующие типы связей различаются степенью полярности. Т.е. соотношением металлических и неметаллических свойств у взаимодействующих элементов. Если различия велики – связь будет полярной, малы – неполярной. Крайняя степень выраженности неполярности связи – это когда взаимодействуют одинаковые химические элементы.

Один и тот же химический элемент может образовывать связи одновременно с множеством других элементов, а не только с тем их числом, которое, по представлениям химиков, соответствует его валентности.

К примеру, в веществе, состоящем из кислорода и водорода, которое мы именуем водой, с одним и тем же элементом кислорода могут одновременно связаться множество элементов водорода, а не только 2, как это принято считать. *В жидком и твердом состоянии, молекула воды, как таковая, не существует!* Есть вещество – вода – в котором элементы кислорода и водорода образуют множественные связи друг с другом. Каждый тип химического элемента одновременно вступает в химические связи с целым рядом химических элементов другого типа. А не только так, что одному кислороду полагается 2 водорода, как это предписывает теория валентных орбиталей.

Любой химический элемент – это сфера, шар. По законам геометрии сколько точек контакта может иметь шар с шарами такого же размера? Полагаем, 12. А если один тип шаров имеет больший радиус? Тогда у него точек контакта с шарами меньшего размера будет еще больше. Меньшие шары его просто окружат.

В веществе «вода» элементов водорода больше, чем элементов кислорода.

Размер химического элемента обусловлен, главным образом, общим числом элементарных частиц, входящих в его состав. Иначе говоря, общим числом нуклонов. Еще радиус зависит от процента частиц Ян.

Чем их больше, тем разреженнее элемент и больше его радиус. Именно поэтому, кстати, к концу каждого периода радиус элементов возрастает.

Водород в 1 периоде, кислород – во 2-м. Значит, размер атомов кислорода больше. Причем, по двум указанным факторам.

Каждый элемент кислорода в составе воды окружен со всех сторон элементами воды. Можно сказать, они облепляют его поверхность.

Каждый элемент водорода тоже связан не с одним, а с несколькими элементами кислорода. Сколько их точно? Видимо, 6 – по числу координатных осей, умноженному на 2: 3x2=6.

Здесь все зависит от соотношения размеров у взаимодействующих элементов. Главное, чтобы элементам большего размера было, где поместиться вокруг элемента меньшего элемента, чтобы они не задевали друг друга.

Как вы видите, число точек контакта большего элемента с меньшим, более ограниченно, чем наоборот.

Водорода в составе воды больше, чем кислорода, именно по названным причинам. Водород может окружить кислород со всех сторон, а кислород окружить водород – нет. Но не только это обуславливает число химических связей в соединении.

Также важно изначальное соотношение реагирующих элементов. Если одного из элементов недостаточно в момент образования химического вещества, а другого в избытке, то и в соединении его будет меньше. К примеру, в пероксидах процент кислорода выше, чем в воде. Вероятно, это связано с соотношением кислорода и водорода, когда химическое соединение формировалось.

И еще есть третий фактор, влияющий на процентное соотношение элементов в соединении. Этот фактор – это качество элементов. Говоря языком науки – их масса (что не совсем точно). Чем больше масса (Поле Притяжения) элемента, тем больше он притягивает (снимает) свободные фотоны с поверхности реагирующих с ним элементов. И тем большее число элементов сможет он присоединить. Это согласуется с правилом валентности, существующим в химии. *Левее и ниже валентность элементов неметаллов возрастает. А правее и выше уменьшается. Все верно.* Чем ниже в таблице элементов, тем больше суммарное число частиц в составе элементов, тем больше их Поля Притяжения.

Чем левее, тем больше выражены металлические свойства – т.е. тем больше в составе нуклонов частиц синего цвета. И это также увеличивает Поле Притяжения элемента – его массу.

Если правее и выше – все наоборот. Общее число частиц в элементах уменьшается. Число синих частиц снижается, а красных растет. И масса элементов тоже уменьшается.

А теперь еще раз перечислим *факторы, влияющие на процентное соотношение элементов в соединении:*

1) Размер атомов;
2) Изначальное соотношение реагирующих элементов;
3) Масса (номер периода);

4) Преобладающий цвет частиц в нуклонах – т.е. выраженность металло-неметаллических свойств (номер группы).

Вот и выходит, что, несмотря на общую ошибочность концепции валентных орбиталей, в соответствии с которой химики сейчас записывают индексы в химических формулах веществ, вся эта система, в целом, работает. И достаточно успешно. *А все благодаря верно найденному выходу, определяющему номер валентности для элементов неметаллов: «Левее – ниже, правее – выше».*

Но, несмотря на это, общие принципы построения химических формул, в целом, не верны.

10. КАЧЕСТВЕННО-КОЛИЧЕСТВЕННАЯ ХАРАКТЕРИСТИКА. СИЛОВОЕ ПОЛЕ ЭЛЕМЕНТА. ПЕРИОДЫ И ГРУППЫ

Процесс рождения любого химического элемента вначале протекал в «горниле» пылающих недр Центрального Солнца Единого Тела Вселенной, а затем - в глубинах небесных тел, основой для которых послужили выбросы вещества из Центрального Солнца. Иное название для Центрального Солнца - Ядро Сверхсверхгалактики.

В создании огромного многообразия химических элементов Минерального Царства Вселенной участвовали все элементарные частицы Физического Плана. Однако не все уровни Физического Плана участвовали в формировании каждого типа химических элементов. Т.е. не все уровни Физического Плана должны быть представлены в каждом типе химического элемента. И процент частиц каждого уровня может быть в химических элементах разный. А еще в числе частиц представленного уровня могут быть частицы не всех трех цветов, а, например, только два цвета, или только один из основных. Если же представлены два или три цвета, то процент частиц каждого цвета различается в элементах разного типа.

Таким образом, как вы видите, число классифицирующих признаков для химических элементов очень велико:

1) Число представленных уровней Физического Плана;

2) Процент частиц каждого из представленных уровней;

3) Число представленных основных цветов в составе каждого представленного уровня;

4) Процент частиц каждого представленного цвета каждого представленного уровня.

Все достаточно сложно.

В отношении химического элемента, который представляет собой конгломерат частиц, следует говорить о его качественно-количественной характеристике – т.е. о его качественно-количественном составе.

Качественно-количественная характеристика – это не что иное, как информация о составе химического элемента – т.е. сведения о качестве всех представленных в его составе элементарных частиц.

Человек не способен давать точную качественно-количественную характеристику химических элементов. Однако приблизительно можно оценить состав любого элемента. И помогут нам в данной оценке *физико-химические свойства веществ, в состав которых входит исследуемый тип химического элемента*.

Перечислим основные:

1) Радиус химического элемента;

2) Оптические свойства веществ, в состав которых входит исследуемый тип химического элемента – к примеру, особенности зрительного восприятия этих веществ;

3) Электромагнитные свойства веществ, в состав которых входит исследуемый тип химического элемента – например, особенности электропроводности этих веществ;

4) Агрегатное состояние веществ, в состав которых входит исследуемый тип химического элемента. Точной оценкой агрегатного состояния является измерение плотности вещества;

5) Масса или антимасса единиц объема веществ, в состав которых входит исследуемый тип химического элемента.

6) Температура плавления и кипения веществ, в состав которых входит исследуемый тип химического элемента.

Химические свойства любого химического элемента обусловлены его качественно-количественной характеристикой – т.е. составом образующих его элементарных частиц. Однако именно по этой причине – т.е. из-за того, что химический элемент – это комплекс частиц – в нем происходит суммирование и вычитание из общего Силового Поля Полей Притяжения и Полей Отталкивания образующих его частиц. Частицы с Полями Притяжения сообща образуют суммарное Поле Притяжения химического элемента, а частицы с Полями Отталкивания – суммарное Поле Отталкивания. Частицы с Полями Отталкивания уменьшают проявление вовне суммарного Поля Притяжения – т.е. в той или иной мере нивелируют его. То же самое делают частицы с Полями Притяжения в отношении суммарного Поля Отталкивания элемента – они уменьшают его.

Каждую частицу в составе элемента мы не воспринимаем со стороны отдельно. Силовое Поле этой частицы вливается в общее Силовое Поле химического элемента. И это означает, что для оценки химических свойств химического элемента нам оказывается не важно в точности знать все особенности качественно-количественной характеристики элемента. Со стороны мы воспринимаем то, каким является Силовое Поле химического элемента на каждой единице площади его поверхности. Т.е каждый химический элемент имеет свой собственный неповторимый, уникальный «рисунок» Силового Поля, проявляющегося вовне.

Несмотря на уникальность поверхностного рельефа Силового Поля каждого из существующих элементов, все же можно выделить множество собирательных типов. Именно этим и занимался Дмитрий Иванович Менделеев – выявлял общие признаки химических элементов с тем, чтобы их классифицировать.

В составе периодической таблице любой химический элемент мы находим на пересечении определенного периода и определенной группы.

Однако ни периоды, ни группы не несут какой-либо существенной смысловой нагрузки, их не рассматривают в качестве классифицирующих признаков. До сих пор подмечено лишь то, что чем ниже период, тем тяжелее располагающиеся в нем элементы. И, соответственно, чем выше период в периодической таблице, тем легче элементы. И еще – элементы в составе самых нижних периодов характеризуются радиоактивностью. Единственный классифицирующий признак, использующийся в таблице для химических элементов – это их номер в этой таблице. А для чего же тогда надо было располагать химические элементы в виде таблице? Какую смысловую нагрузку несут *периоды* и *группы*? Давайте попробуем разобраться.

Номер периода указывает на общее число частиц с Полями Притяжения в составе химического элемента. И чем больше номер периода, тем больше в составе элемента этих частиц. Соответственно, чем меньше номер периода, тем меньше частиц с Полями Притяжения в составе элемента.

В периодической таблице число периодов ограничено, их всего семь. Однако в реальности между периодами существует множество промежуточных вариантов химических элементов.

А какой же смысл следует придать номеру группы, в которой располагается химический элемент?

Номер группы указывает на особенность поверхностного рисунка Силового Поля химического элемента. Это означает, что химические элементы, расположенные в одной и той же группе (и в одинаковой подгруппе) имеют в составе периферических слоев одинаковый (или приблизительно одинаковый) набор элементарных частиц. Можно уверенно утверждать, что именно качественно-количественный состав частиц периферических слоев в целом определяет особенности химических свойств данного химического элемента. Качественно-количественная характеристика поверхностных слоев химического элемента – это его «отпечатки пальцев». Именно особенности поверхностных слоев указывают нам, какие свойства у элемента будут преобладать – окислителя или восстановителя. Например, химические элементы могут располагаться в одном и том же периоде, и обладать одинаковым качественно-количественным составом образующих их частиц с Полями Притяжения. Однако последнюю точку поставит все же поверхностные слои. Преобладание в их составе тех или иных элементарных частиц отнесет химический элемент к тому или иному типу – например, мы будем говорить о нем как о щелочном металле, или же, как о галогене.

11. ПОЧЕМУ ВОДА РАСШИРЯЕТСЯ ПРИ ЗАМЕРЗАНИИ

Замерзание молекулы воды означает, что она теряет с поверхности образующих ее химических элементов накопленные фотоны солнечного происхождения. Больше всего этих фотонов накапливается на поверхности водорода, так как поверхностные слои водорода содержат большой процент фотонов Инь (поглощающих эфир). Оголение водорода ведет к тому, что молекулы воды начинают разворачиваться друг относительно друга. Оголенный водород соседних молекул начинает притягиваться друг к другу. В жидком состоянии воды водород был «прикрыт» свободными частицами. Они экранировали фотоны Инь в его составе, и уменьшали таким путем проявление вовне Полей Притяжения этих фотонов. Среди солнечных частиц (испускаемых Солнцем) преобладают частицы Ян (испускающие эфир). Из-за этого экранирования притяжение со стороны водорода воды в жидком состоянии не столь сильное.

Когда вода замерзает и молекулы «разворачиваются» друг к другу «водородными частями», «кислородные концы» тоже поворачиваются друг к другу. В жидком состоянии молекулы соединены так – *«водород-кислород-водород-кислород»*. А в твердом так: *«кислород-кислород-водород-водород-кислород-кислород-водород-водород»*.

Точнее говоря, в твердом состоянии соединение идет за счет водородных связей. А элементы кислорода просто вынуждены поворачиваться друг к другу.

Так как элементы кислорода не содержат в составе поверхностных слоев столько фотонов Инь, сколько водород, то процесс замерзания – потери свободных фотонов – существенно не сказывается на особенностях Силового Поля элементов. Как было значительное по величине Поле Отталкивания, так оно и остается. Поэтому, когда молекулы воды разворачиваются друг к другу кислородом, элементы кислорода оказывают друг на друга трансформирующее влияние. Напомним, что трансформация – это нагрев, повышение температуры. Элементы испускают в сторону друг друга эфир (благодаря частицам Ян), и. тем самым, нагревают (трансформируют). Эфир, испускаемый каждым из элементов в сторону другого, мешает тому испускать эфир. Из-за этого противодействия и происходит трансформация качества частиц в составе элементов. А нагрев, как известно, всегда сопровождается расширением вещества. ***Вот потому то вода, замерзая, расширяется.*** Но не намного. Не так, как она будет расширяться, если начать ее кипятить.

Пройдена точка замерзания, молекулы развернулись, и кислород трансформировался (нагрелся) в составе молекул. Но этот нагрев точечный, очень слабый. Это не нагрев, например, за счет сгорания топлива или пропусканием электрического тока, когда накапливается огромное число свободных частиц с Полями Отталкивания (Ян).

В дальнейшем, если охлаждение воды продолжится, больше расширения не произойдет.

Таким образом, мы разобрали причины расширения воды при охлаждении.

Настоятельно советуем вам прочесть статьи, посвященные вопросам трансформации качества частиц - в Части 2, посвященной механике частиц. Иначе основная причина расширения воды, да и вещества при нагревании так и останется непонятой вами.

12. ИЗОТОПЫ

Расположение химических элементов в виде таблицы нельзя рассматривать в качестве идеального варианта их классификации.

Возьмем, к примеру, такое явление, как существование изотопов. С современной точки зрения, изотопы – это разновидности химических элементов, имеющие разную массу, но одинаковый заряд ядра. Взглянем на вопрос изотопов с позиции концепции, излагаемой в этой книге.

Если вы помните, в главе, посвященной механике элементарных частиц, мы поставили знак равенства, с одной стороны, между понятиями «Поле Притяжения» и «масса» (а также «Поле Отталкивания» и «антимасса»), а с другой стороны, между понятиями «Поле Притяжения» и «положительный заряд» (а также «Поле Отталкивания» и «отрицательный заряд»). Т.е. массу и положительный заряд мы считаем синонимами, а также антимассу и отрицательный заряд мы тоже считаем синонимами. Это значит, что мы не будем рассматривать изотопы как элементы с разной массой, но с одинаковым зарядом, поскольку заряд химического элемента и его масса/антимасса – это одно и то же – Силовое Поле химического элемента. Но в чем же тогда разница между элементами-изотопами?

Изотопы зачастую обладают совершенно одинаковыми или приблизительно одинаковыми химическими свойствами. А химические свойства, как уже говорилось, в наибольшей мере обуславливаются качественно-количественным составом поверхностных слоев химического элемента. Таким образом, напрашивается вывод, что изотопы представляют собой химические элементы со схожим качественно-количественным составом поверхностных слоев, но отличающихся друг от друга общим качественно-количественным составом образующих их частиц.

Изотопы имеют разную массу. Масса элемента – это его суммарное Поле Притяжения. Здесь следует вспомнить, что химический элемент – это совокупность частиц с Полями Притяжения и частиц с Полями Отталкивания. Частицы с Полями Отталкивания уменьшают проявление вовне суммарного Поля Притяжения элемента. А частицы с Полями Притяжения уменьшают проявление вовне суммарного Поля Отталкивания. Таким образом, различие двух элементов по массе – это различие их суммарных Полей Притяжения. И эта разница может быть вызвана двумя причинами:

1) Оба элемента характеризуются одинаковым качественно-количественным составом частиц с Полями Притяжения, но при этом имеют разный качественно-количественный состав частиц с Полями Отталкивания. Элемент, у которого частиц с Полями Отталкивания больше (и больше величина этих Полей), будет иметь меньшую массу – т.е. меньшую величину проявляющегося вовне Поля Притяжения.

2) Оба элемента могут иметь одинаковый качественно-количественный состав частиц с Полями Отталкивания. В этом случае разница в массе будет обусловлена различием в качественно-количественном составе частиц с Полями Притяжения.

Элемент, у которого число частиц с Полями Притяжения больше и величина этих Полей больше, будет характеризоваться большей массой (большим суммарным Полем Притяжения) по сравнению с элементом, имеющим идентичный качественно-количественный состав частиц с Полями Отталкивания.

В обоих этих случаях элементы будут представлять по отношению друг к другу *изотопы*. Качественно-количественный состав их поверхностных слоев одинаков или примерно одинаков, а вот, в общем, качественно-количественном составе существуют различия.

13. ВОДОРОД И ГЕЛИЙ. ХИМИЧЕСКИЕ ЭЛЕМЕНТЫ 1 ПЕРИОДА

В физике и химии между протонами и ядрами водорода ставится знак равенства. Однако это не так. Водород – это химический элемент. Его ядро вовсе не состоит всего из одного протона, как это принято считать. В его ядре много слоев протонов. Однако вовне все их силовые поля (в которых преобладает Сила Притяжения) не проявляются из-за экранирования их более легкими периферическими частицами (электронами, различными типами фотонов). Протон – это комплексная элементарная частица, конгломерат истинно неделимых элементарных частиц – фотонов-электронов. И таких фотонов-электронов в любом протоне множество – очень много! Так же, как число протонов в составе водорода куда больше одного. Намно-о-ого больше! Точнее говоря, тело любого химического элемента состоит не только из протонов и нейтронов, как это принято сейчас считать в науке (со времен начала XX века), но из всевозможных типов нуклонов – конгломератов элементарных частиц. Нуклоны можно разложить на множество мелких составляющих – на истинно элементарные частицы. Малейшее изменение в числе и качестве образующих нуклон частиц, и перед вами уже новый его тип.

Для каждой группы 1-го периода должен существовать «свой водород», если можно так выразиться. Тритий, дейтерий и протий – это «водород» соответственно, 1-ой, 2-ой и 3-ей групп 1-го периода. Это «водород» с ярко выраженными металлическими (восстановительными) свойствами. Причем, тритий – самый тяжелый из них. Его металлические свойства самые сильные. А все потому, что в его составе больше, чем у других водородов, процент частиц Инь (с Полями Притяжения). Напомним вам, что отличительная черта любого металла (а водороды – это металлы, хотя и легчайшие из всех открытых элементов) – это обязательно большой процент частиц Инь в составе именно поверхностных слоев. При этом, больше всего среди этих частиц Инь тех, чьи Поля Притяжения имеют наибольшее значение, т.е. синего цвета. Именно это свойство всех металлов объясняет их характерные химические и физические свойства. Блеск, электропроводность, теплоемкость, механическая прочность, отсутствие окислительных свойств и многое другое – все это объясняется присутствием в поверхностных слоях большого числа частиц Инь. То, что водород также обладает свойствами, характерными для других, более плотных металлов, вы можете убедиться на примере тех веществ, в чей состав входит водород. Например, вода. В жидком состоянии она блестит, электропроводна и теплоемка.

Должен существовать также «водород» 4-ой, 5-ой, 6-ой и 7-ой групп, с более выраженными неметаллическими (окислительными) свойствами. Данный вывод сделан исходя из значений «электроотрицательности» «водорода» - протия и остальных химических элементов. В группах снизу вверх электроотрицательность возрастает. Электроотрицательность протия ~ 2,1. Если поставить протий в 4-ю группу, над углеродом, это нарушит общее правило, так как электроотрицательность углерода ~ 2,5. Поэтому протий следует поместить в 3-ю группу, над бором, электроотрицательность которого ~ 2,0. Водород 4, 5, 6 и 7 групп должны быть легче «водорода»-протия. А все потому, что в составе его поверхностных слоев будет меньше частиц Инь. Более легкие, чем известные виды водорода, будут более выраженными неметаллами, по сравнению с известными видами-«водорода». Самый активный неметалл из известных «водородов» - это гелий. Он же самый легкий из них.

Наверное, мы не совсем верно выражаемся, называя все химические элементы первого периода «водородами». Несомненно, что элемент 7 группы будет галогеном. Тогда как 6-ой – будет близок по свойствам к кислороду и сере, а 5-ой – к азоту и фосфору. 4-ой – к углероду и кремнию.

14. ЧТО ТАКОЕ "ХИМИЧЕСКАЯ РЕАКЦИЯ"

Полагаем, ни у кого не должно вызывать удивление утверждение, что прежде, чем возникнут новые химические соединения, должны быть разрушены старые. Конечно, за исключением случаев тех реакций, когда имеет место простое объединение всех элементов в одно целое. Такие реакции в химии именуются реакциями соединения.

Любая химическая связь – это гравитационная связь. Возникновение связи – это проявление притяжения. Разрушение связи – это действие Сил Отталкивания.

В ходе любой химической реакции происходит перетекание, циркуляция энергии (свободных фотонов) – и в границах одного соединения, и между соединениями. Химические элементы с большими по величине Полями Притяжения (с более выраженными металлическими свойствами) снимают фотоны с элементов с меньшими Полями Притяжения (с более выраженными неметаллическими свойствами). Снятые фотоны оседают на поверхности тех элементов, что их притянули к себе. Когда эти фотоны оказываются в зонах связи этих элементов с другими – происходит разрушение химической связи (не всегда). В то же время, у тех химических элементов, с поверхности которых фотоны были сняты, оголяются зоны с Полями Притяжения (которые до этого были экранированы фотонами). В результате чего притяжение со стороны этих Полей проявляется вовне в большей мере. И эти оголенные участки притягиваются к элементам (как раз к тем, что и сняли с них фотоны). Возникает новая химическая связь и новое химическое соединение.

Образование любого химического соединения (химической связи) происходит вследствие дефицита «энергии» (свободных фотонов) на поверхности элементов. Разрыв любой химической связи обязательно сопровождается восполнением дефицита «энергии» на поверхности химического элемента.

Присоединение фотонов является необходимым условием разрушения любого химического соединения. Точно так же, как отрыв фотонов всегда сопровождается образованием химической связи.

Это объяснение в общих чертах.

15. МЕХАНИЗМ ГИДРОЛИЗА

1) NaOH + H2O

В воде растворяется щелочь, содержащая ярко выраженный металл натрий. В результате, у кислорода воды отнимает «энергию» как натрий, так и водород щелочи. Причем натрий отнимает больше «энергии», чем водород за счет большей массы ядра (и соответственно большей суммарной Силы Притяжения). В итоге, натрий и водород щелочи вместе отнимают у кислорода воды больше «энергии», чем водород воды у кислорода щелочи. «Энергия» - это солнечные фотоны.

«Энергия», отнятая натрием и водородом щелочи, накапливается на их поверхности. Это способствует распаду соединения на отдельные химические элементы. А вот водород воды недополучает фотонов в ходе «энергетического обмена» воды с щелочью. Поэтому вода не распадается на водород и кислород. В итоге, в водном растворе оказывается больше свободных элементов-металлов – натрия и водорода, чем неметаллов – кислорода.

2) NaCO3 + H2O

Вот так в действительности выглядят формулы карбоксида натрия и воды:

O-Na-O-C + H-O-H
   O

NaCO3 - это соль сильного основания и слабой кислоты. Натрий из карбоксида натрия отнимает «энергию» у кислорода воды и соединяется с ней. Отнятая «энергия» идет на распад связей между натрием и кислородом в карбоксиде. В результате натрий отсоединяется от кислорода в карбоксиде и соединяется с кислородом воды. Водород воды забирает мало «энергии» у кислорода карбоксида, поэтому распада воды не происходит.

«Энергия», которую забирает у кислорода карбоксида водород воды, идет на «покрытие» расходов «энергии», забираемой натрием у кислорода воды.

Натрий забирает «энергию» у кислорода воды и соединяется с ним. «Щели» кислорода в составе NaCO3 пустеют недостаточно для того, чтобы соединиться с водородом воды. Связь между водородом и кислородом воды разрывается. В итоге кислород воды присоединяется к NaCO3. Водород воды оказывается свободным. Среда оказывается «щелочной» из-за того, что количество свободных металлов преобладает над количеством свободных неметаллов.

3) CuCl2+ H2O

CuCl2 - это соль слабого основания и сильной кислоты. В действительности формула выглядит так – **Cl - Cu - Cl**. Медь из хлорида меди отнимает мало «энергии» у кислорода воды. В результате хлорид меди не разрушается. Зато хлор из хлорида меди отдает много «энергии» водороду воды. В результате происходит разрушение связи между одним из водородов воды и кислородом. Т.е. вода распадается. Освободившийся водород воды присоединяется к хлору хлорида. Свободными оказываются группы OH бывшей воды.

Щели хлора пустеют больше щелей кислорода. Хлор присоединяет водород воды. Но кислород воды не присоединяет медь.

В итоге:

H – Cl – Cu – Cl – H + O (свободный кислород).

Кислая среда из-за свободных элементов кислорода (или говоря иначе, из-за ионов кислорода), а вовсе не из-за групп – OH, как это принято считать. Просто O.

Итак, *о гидролизе.*

1) Растворение в воде соли, содержащей слабый металл и сильный неметалл, приводит к распаду воды и присоединению водорода воды к соли. Свободным оказывается кислород бывшей воды. А среда

оказывается кислой – так как преобладают свободные неметаллы.

2) Растворение в воде соли, содержащей сильный металл и слабый неметалл также приводит к распаду воды. Однако теперь к соли присоединяется кислород. И свободным оказывается водород воды. Среда щелочная – т.е. преобладают свободные металлы.

3) Растворение в воде соли, содержащей слабый металл и слабый неметалл.

4) Растворение в воде соли, содержащей сильный металл и сильный   неметалл.

16. МЕХАНИЗМ РЕАКЦИИ НЕЙТРАЛИЗАЦИИ

Предварить эту статью следует следующим утверждением, которым, несомненно, следует предварять все статьи по химии и ядерной физике – все, где речь идет о химических элементах и их строении. Повторять надо до тех пор, пока этот факт не осядет достаточно прочно в головах искателей истины. Медитация над этим утверждением убедит вас в несомненной его правдивости. Вот этот факт.

Все химические элементы в составе планет, что проявляют вовне Поля Притяжения, накапливают на своей поверхности свободные фотоны солнечного и космического происхождения. Эти фотоны своими Полями Отталкивания экранируют Поля Притяжения химических элементов, не давая им в полной мере проявляться вовне. Любая химическая связь – это связь гравитационная, возникает под действием притяжения со стороны химических элементов друг к другу. Для возникновения нового химического соединения обязательно необходимо, чтобы свободные фотоны – полностью или частично – были сняты с поверхности химических элементов. Иначе связь не возникнет. Притяжения не будет.

А теперь к объяснению механизма реакции нейтрализации.

Реакция нейтрализации – это взаимодействие кислоты и щелочи. Разберем, как протекает эта реакция на примере взаимодействия *NaOH* и *HCl*.

Контактируют *NaOH* и *HCl*. Натрий тяжелее водорода (тяжелее его ядро), поэтому он снимает с поверхности хлора больше фотонов, чем водород. Поэтому большая часть снятых фотонов оказывается на натрии в области его соединения с кислородом, а меньшая – на водороде, в месте его соединения с кислородом. Поэтому разрыв химических связей в составе щелочи происходит в месте соединения натрия и кислорода. Связь кислорода и водорода остается «нерушимой». Водород в составе кислоты снимает фотоны с кислорода воды. Вся «энергия» поступает на водород в области его соединения с хлором. Соединение хлора и водорода распадается.

Одновременно с распадом соединений щелочи и кислоты, происходит соединение натрия и хлора в том месте, где натрий снял с хлора «энергию». Происходит это потому, что на хлоре оголяются зоны с Полями

Притяжения, до того экранированные свободными фотонами.

Помимо этого, соединяются кислород щелочи и водород кислоты в той зоне, где водород снимает «энергию» с поверхности кислорода. Связь возникает по той же причине, что и между Na и Cl.

В итоге, образуются соль NaCl и вода.

17. ДЛИНА ХИМИЧЕСКОЙ СВЯЗИ

Расстояние между химическими элементами – это длина химической связи – величина, известная в химии. Она определяется соотношением Сил Притяжения и Отталкивания взаимодействующих химических элементов.

18. ИСТОЧНИКИ ХИМИЧЕСКИХ ЭЛЕМЕНТОВ

Следует особо отметить очень важный момент. Все многообразие «строительного материала» - химических элементов – создано и создается в ходе процессов радиоактивного распада в недрах Небесных Объектов.

19. МЕХАНИЗМ ХИМИЧЕСКОЙ РЕАКЦИИ СОЕДИНЕНИЯ ФТОРА И ВОДЫ

Уравнение реакции взаимодействия фтора с водой.

$$F2 + H2O = 2 FH + O$$

Водород воды снимает с поверхности фтора «энергию» (свободные фотоны). Эта «энергия» оказывается на поверхности водорода воды. Те фотоны, что попадают в область, где связаны друг с другом водород и кислород, становятся причиной разрыва между ними связи. Молекула воды распадается.

Одновременно с этим процессом, происходит установление гравитационной связи между водородом воды и фтором. В тех областях элемента фтора, где водород снял своим притяжением свободные фотоны, происходит оголение, и Поле Притяжения фтора проявляется вовне в большей мере. Так происходит образование новой химической связи и нового химического соединения – фторида водорода. Вода распадается, фтор соединяется с водородом, а кислород освобождается.

Здесь следует упомянуть, что элементы фтора вовсе не объединены друг с другом попарно в молекулы. В газообразном фторе элементы фтора могут удерживаться друг относительно друга очень слабыми Силами Притяжения. Помимо этого, каждый химический элемент воздействует на другие при помощи очень слабых Сил Отталкивания. Такая ситуация имеет место в любом газообразном теле.

20. КИСЛОРОД

Основной окислитель, который «используется» представителями растительного, животного и человеческого царств – это кислород. Свободный кислород содержит больше свободных частиц, чем тот, что связан с другими элементами. Кислород обладает очень большой электроотрицательностью (способностью делиться свободными частицами). Когда кислород контактирует с другими элементами, с меньшей электроотрицательностью, свободные частицы, накопленные на его поверхности, переходят на поверхность этих элементов (притягиваются ими). Аккумулирование свободных фотонов – это и есть нагрев этих элементов и уменьшение их массы. Передача кислородом свободных частиц другим элементам – это их *окисление*. Сам кислород при этом охлаждается и увеличивает массу (величину Поля Притяжения) - *восстанавливается*.

Очень надеемся, что вы успеваете следить за нашей мыслью.

И еще мы надеемся, что вы впустили в свой разум концепцию, согласно которой все химические элементы на планетах накапливают на своей поверхности свободные фотоны, попадающие к ним с Солнца. Ядра Галактики и других светящихся небесных тел.

И чем больше химических элементов приходится в химическом соединении на один элемент кислорода, и чем меньше их электроотрицательность (чем в большей мере они металлы), тем сильнее восстанавливается кислород, тем больше свободных частиц теряет.

21. МЕХАНИЗМ ДЕЙСТВИЯ ЧИСТЯЩИХ СРЕДСТВ, СОДЕРЖАЩИХ ХЛОР И ПЕРЕКИСЬ ВОДОРОДА

Ряд чистящих и моющих средств для сантехники, бытовой техники и белья содержат хлор. Хлор «отъедает грязь» и высветляет (отбеливает) поверхности тел, с которыми соприкасается. Происходит это за счет поступления «энергии» из «щелей» хлора в «щели» элементов «грязи». «Грязь» обычно представляет собой водный концентрированный раствор веществ, формирующих почву – органических соединений и солей. Химические элементы «грязи» вступают в химические реакции с элементами тел, на которые грязь попадает. Вода в составе грязи быстро испаряется, забирая «энергию» у элементов грязи, тел и воздуха. Пустые щели элементов грязи способствуют возникновению химических связей с подходящими элементами тела, на которое грязь попала. Чаще всего ткани и предметы обихода имеют органическое происхождение, т.е. состоят из углеводородов и содержат преимущественно водород, углерод и кислород. Грязь имеет такой же состав, плюс ионы солей. Соединяются друг с другом любые химические элементы, проявляющие вовне Поле Притяжения (частично или полностью). Основную роль в соединении тел и грязи играют элементы водорода и более тяжелых металлов грязи (тех, что обычно именуют металлами). Однако и остальные типы химических элементов: углерод, кислород, азот и другие, играют важную роль в присыхании грязи к телам.

Замачивание белья в воде и мытье водой загрязненных поверхностей удаляет часть грязи. Происходит это за счет того, что вода способствует распаду химических соединений между элементами грязи и тел и одновременному образованию соединений между элементами грязи и воды. Водород воды отнимает «энергию» (свободные фотоны) у неметаллов грязи, оголяет у них зоны с Полями Притяжения и соединяется с ними в этих зонах. Кислород воды отдает фотоны металлам грязи, его зоны с Полями Притяжения оголяются, и с помощью этих зон он и соединяется с этими элементами - металлами.

Если помимо воды для очищения тканей и тел применяется средства, содержащие хлор, процесс удаления грязи ускоряется.

Помимо этого, поверхности, обработанные хлором, светлеют (белеют). Происходит это все за счет той же передачи частиц, накопленных на поверхности хлора элементам и грязи, и самого тела. Все химические элементы постоянно накапливают на себе «энергию» (фотоны, электроны). Если на поверхности элемента накапливается много фотонов, падающий свет, поступающий от Солнца или источника света, отражается таким элементом. Тело, состоящее из элементов, аккумулирующих на себе много фотонов, кажется нам «светлым» (белым). Хотя в действительности, оно всего лишь отражает большую часть света («видимых» фотонов), которые на него падают. Другие виды элементарных частиц, невидимые нашему глазу – электроны, гамма, рентгеновские, УФ, ИК, микроволновые, радио-фотоны – также отражаются такими элементами. ИК, микроволновые и радио-фотоны из-за большей Силы Инерции отражаются (отталкиваются) в гораздо большей степени, чем гамма, рентгеновские и УФ-фотоны.

Чистящие средства, содержащие перекись водорода, оказывают на грязь действие, подобное хлору. Перекись водорода содержит больше кислорода, чем вода. Поэтому перекись сообщает элементам, с которыми взаимодействует, больше «энергии», чем вода. Поэтому перекись водорода более сильный окислитель и более мощное дезинфицирующее и отбеливающее средство, чем вода.

Вот и все объяснение.

22. МЕХАНИЗМ РАСТВОРЕНИЯ. СВОЙСТВА КИСЛОТ И ОСНОВАНИЙ

Любой жидкий растворитель – это тело в жидком агрегатном состоянии.

Растворяя в себе какое-либо вещество, химические элементы растворителя передают его элементам свободные частицы.

Чем выше *электроотрицательность* элементов растворителя, тем более сильным растворителем он является. К примеру, почему кислоты растворяют вещества? За счет содержащихся в них элементов с высокой электроотрицательностью – кислорода, фтора, хлора, брома, йода, азота. Чем выше электроотрицательность элемента и чем больше его процентное содержание в составе соединения, тем ярче выражены его кислотные свойства. Процентное содержание элемента в соединении показывает его индекс в химической формуле. Например, возьмем формулу воды. В ней индекс «2», стоящий вблизи водорода, указывает на то, что на каждый элемент кислорода приходится два элемента водорода.

Возьмем, к примеру, растворение веществ в жидкой воде – гидролиз. Из химии нам известно, что растворению в воде в большей степени подвержены соли слабых кислот и оснований.

Кислота – это соединение, в котором преобладают элементы-неметаллы. Чем выше электроотрицательность элементов в составе кислоты и чем их больше, тем она сильнее. Классический пример сильных кислот – это соединения протия (водорода) и галогенов, а также соединения, содержащие протий (водород), какой-либо неметалл и большой процент кислорода.

Основание – это соединение, в котором преобладают элементы-металлы. Чем ниже электроотрицательность элементов в составе основания и чем их больше, тем основание сильнее. Классический пример сильных оснований – это гидроксиды щелочных металлов.

Слабые кислоты содержат протий (водород), какой-либо неметалл с не очень высокой величиной электроотрицательности и небольшой процент кислорода (либо не содержит его вовсе).

Слабые основания – это соединения, имеющие в своем составе гидроксильную группу, а также металл с высоким (для металла) значением электроотрицательности.

Соль слабой кислоты и слабого основания состоит из металла с достаточно высоким (для металла) значением электроотрицательности и группы неметаллов, остающейся от кислоты при отсоединении водорода.

Гидролиз – это процесс замещения неметаллической группы в составе соли на кислород воды. Гидролиз идет тем лучше, чем выше электроотрицательность кислорода воды электроотрицательности элементов неметаллической группы соли.

И наоборот. Чем меньше электроотрицательность кислорода воды электроотрицательности элементов неметаллической группы соли, тем хуже идет гидролиз.

Чем меньше электроотрицательность элементов неметаллической группы соли, тем слабее она способна удовлетворить «потребность» металла соли в свободных частицах, и тем более привлекательным для металла становится в этом отношении кислород воды. Т.е. в этом случае именно кислород воды поставляет металлу свободные фотоны.

Чем выше электроотрицательность неметаллической группы соли, тем лучше она удовлетворяет «потребность» металла соли в свободных частицах и тем меньше металл нуждается в кислороде воды. Т.е. больше фотонов снимается с неметаллов соли.

23. ОДА ХИМИЧЕСКИМ ЭЛЕМЕНТАМ

Песок и асфальт, глина и уголь, бетон и кирпич, вода, почва и воздух, чугун, сталь, золото, серебро и другие металлы, автомобили и поезда, корабли и самолеты, дома и гаражи, камни и почва, куртки, пальто, платья, брюки и пиджаки, кофты, майки и халаты, туфли, ботинки и тапочки, любая одежда и обувь, книги на полках, вся еда в ваших холодильниках, и сам холодильник, лампочка и сама лампа, стекло в окне, занавесь, колышимая ветром из форточки и сама форточка, телевизоры, DVD и компьютеры, столы и стулья, кастрюли, сковороды и посуда, любая вещь в вашем доме, заводы, фабрики, вся техносфера, созданная человеком, листья и стволы деревьев, трава и цветы, тела кошек, собак, птиц, лошадей, коров и свиней, львов, носорогов, слонов и гепардов, любых насекомых и простейших, всех, всех, всех животных на Земле, и, наконец, тела мужчин, женщин, детей и пожилых людей – все это построено из химических элементов, рожденных в ходе радиоактивного распада в недрах Небесных Объектов.

Даже грязевые разводы на стекле после дождя – это они, химические элементы. И каждая пылинка состоит из них. И пятна на одежде и мебели, от которых так трудно избавиться – все это химические элементы. Они невообразимо малы по сравнению даже с размером человеческого тела. Однако они реальны. Они существуют. Они составляют минеральное царство и лежат в основе растительного, животного и человеческого царств. И об этом не следует забывать ни на мгновение.

С эзотерической точки зрения, химический элемент – это Душа, сплав Материи и Духа. Материя – это тяжелые элементарные частицы физического Плана. Дух – легкие.

Я нарочно, говоря о растениях, животных и людях, употребила слово «тела». Связано это с тем, что в растениях, животных и людях помимо элементарных частиц физического Плана, присутствуют частицы более тонких Планов. Однако в основе лежат все те же химические элементы.

Задумайтесь, в окружающем нас с Вами мире, на поверхности одной из планет Солнечной системы, где мы живем, мы видим и трогаем тела, предметы, вещи. Но на самом деле мы видим и трогаем только химические элементы. Разные их типы. Мы их берем в руки, переносим с места на место. Пересыпаем, перемешиваем, разрушаем одни химические соединения и создаем другие. Наши тела и тела всех людей, которых мы знаем и не знаем, построены из тех же самых химических элементов. Одни химические элементы или их соединения мы превозносим и ведем из-за них войны друг с другом – золото, серебро, драгоценные камни, нефть. На другие – обращаем мало внимания – азот и углекислый газ в воздухе, песок, почва под ногами.

В составе небесных тел все построено из отдельных химических элементов и их всевозможных соединений.

В составе небесных тел мы не встретим ничего, кроме отдельных химических элементов и их всевозможных сочетаний.

24. ПРИЧИНА ОТБЕЛИВАЮЩИХ И ДЕЗИНФИЦИРУЮЩИХ СВОЙСТВ ПОВАРЕННОЙ СОЛИ

Поваренная соль – *NaCl* – обладает дезинфицирующим действием и является легким отбеливающим средством благодаря содержащемуся в соединении хлору. Благодаря ему же, соль, введенная в организм, например, с пищей, оказывает некоторое возбуждающее действие. Хотя *Na*, наоборот, оказывает на организм тормозящее (успокаивающее, охлаждающее) влияние. А в целом, *NaCl*, как и любая другая соль, возбуждает и тормозит одновременно – т.е. нейтральна. Возбуждающее действие оказывает неметаллический компонент соли. Сделаю лирическое отступление и скажу, что может быть истинно ценные вещи потому называют «соль Земли», что они соединяют в себе противоположные качества.

25. ПОЧЕМУ ВОДА ОХЛАЖДАЕТ ТЕЛА? ПОЧЕМУ ЛОЖКА В СУПЕ ИЛИ ЧАЕ ОХЛАЖДАЕТ ИХ?

Вода на поверхности любого плотного тела (и на коже человека) охлаждает его. И не только вода. Многие другие жидкости также охлаждают тела, с которыми соприкасаются. Например, спирты, эфиры, растворы солей.

Вода состоит из водорода и кислорода. Водород – это самый легкий из известных металлов. Причем это щелочной металл и располагается в 1-ой группе. В составе воды число элементов водорода больше числа элементов кислорода. Водород, как и любой другой металл, снимает «энергию» (свободные фотоны) с поверхности химических элементов с менее выраженными металлическими свойствами. Выраженность металлических свойств обусловлена величиной проявляющегося вовне Поля Притяжения. Причем Поле Притяжения может проявляться как по всей поверхности химического элемента, так и зонами. Что и имеет место у водорода. Вернемся к механизму охлаждения.

Когда водород воды снимает с поверхности кожи или других тел, на которые попала вода, излишек энергии (свободных фотонов), эти фотоны оседают на поверхности водорода. На тех участках поверхности, где проявляется вовне Поле Притяжения. Именно эти участки, благодаря гравитации, обычно «отвечают» за способность воды «прилипать» к телам. Вода растекается по поверхности, на которую упала, смачивает ее. Это и есть проявление ее гравитационных свойств. А точнее, проявление гравитационных свойств водорода в ее составе. А еще точнее, гравитационных свойств зон с Полями Притяжения на поверхности водорода.

Но когда эти участки водорода покрываются избыточным количеством свободных фотонов, среди которых преобладают частицы с Полями Притяжения, происходит уменьшение Сил Притяжения. Так как уменьшается величина Поля Притяжения водорода, проявляемого вовне. Масса молекул воды уменьшается, а анти-масса растет. Молекулы воды за счет возрастания Сил Отталкивания испаряются, их агрегатное состояние становится более разреженным, они нагреваются и улетают (уносятся воздухом). Вес молекул воды уменьшается, а анти-вес (если можно так выразиться) возрастает.

Отбирая «энергию» у неметаллов тел, водород воды, тем самым, охлаждает эти тела. Воде даже необязательно испаряться, чтобы охладить тело. Просто намочив какое-то тело, мы его охлаждаем. Конечно, при условии, что температура воды была не высока – комнатной температуры или ниже. Если вода горячая, это означает, что она содержит достаточно свободных фотонов, чтобы нагревать тела. Однако вода быстро остывает. Частицы с Полями Отталкивания (свободные фотоны с Полями Отталкивания) стремятся вверх, от поверхности планеты. Это естественный процесс, проявление Сил Отталкивания. Поэтому поверхностные слои воды получают больше всего таких частиц. Поэтому молекулы воды с поверхности быстро испаряются. А суммарная температура воды падает. Т.е. уменьшается суммарное число свободных фотонов, накопленных ею. И в определенный момент, когда суммарное число свободных фотонов в составе воды достаточно уменьшается, вода перестает их отдавать другим телам и начинает отбирать. Горячая вода остыла, и вместо того, чтобы нагревать тела, погруженные в нее или соприкасающиеся с ней, начинает их охлаждать. Поэтому горячая или теплая ванная с водой согревает лишь до определенного момента. Как только ее температура падает ниже температуры нашего тела, мы перестаем воспринимать воду как горячую, скорее как теплую. И чем ниже температура, тем прохладнее ванная. И уже не вода нас греет, а мы воду.

Животные в природе в холодную погоду и в холодном климате стараются избегать соприкосновения с водой (за исключением тех видов, что привыкли к ней и выработали ряд защитных механизмов), и после купания обычно всегда тщательно высушивают свой мех. Не случайно. Вода способна очень быстро охлаждать тело. В результате чего излишняя нагрузка на сердце и легкие, стремящихся поставлять больше кислорода, и согревать тело. А эта избыточная нагрузка способна привести к заболеванию (простуде) и летальному исходу. Вот поэтому вспотеть на холоде или промочить ноги – верная дорога к болезни для незакаленного организма.

По той же причине металлическая (железная, серебряная или любая другая) ложка в чашке с горячей водой, охлаждает ее, отбирая «энергию» (свободные фотоны) у кислорода воды. Отобранная «энергия» накапливается на ложке. Вода охлаждается. Поэтому, когда мы оставляем ложку в стакане горячего чая или супа, мы способствуем их скорейшему охлаждению. По этой же причине еда в металлической посуде остывает быстрее, чем в керамической или стеклянной. Ложки обычно делают из железа, алюминия, серебра, золота или сплавов этих металлов.

26. ЭНТАЛЬПИЯ. ЭНДОТЕРМИЧЕСКИЕ И ЭКЗОТЕРМИЧЕСКИЕ РЕАКЦИИ

В ходе *экзотермических реакций* «теплота» (легкие типы свободных фотонов – ИК, радио) излучается с поверхности химических элементов. Энтальпия элементов уменьшается, агрегатное состояние становится более плотным – происходит образование химического соединения.

В ходе *эндотермических реакций* «теплота» поглощается – фотоны накапливаются на поверхности химических элементов. Их энтальпия возрастает, агрегатное состояние становится более разреженным – происходит распад химического соединения.

Спасибо за ваше внимание!

e-mail: danina.t@yandex.ru

Все электронные книги из серии «Эзотерическое Естествознание» представлены на вебсайте Amason:

https://authorcentral.amazon.com/gp/books?ie=UTF8&pn=irid58388648

Книга 1 – «Основные оккультные законы и понятия» - http://www.amazon.com/dp/B00I1MFZV8;

Книга 2 – «Эфирная механика» - http://www.amazon.com/dp/B00I214ATQ;

Книга 3 – «Астрономия и космология» - http://www.amazon.com/dp/B00I21HFU2;

Книга 4 – «Механика тел» - http://www.amazon.com/dp/B00I21HEO4;

Книга 5 – «Биология» - http://www.amazon.com/dp/B00I21NBGY;

Книга 6 – «Новая Эзотерическая Астрология, 1» - http://www.amazon.com/dp/B00I21NDV;

Книга 7 – «Оптика и теория цвета» - http://www.amazon.com/dp/B00I21NDV2;

Книга 8 – «Химия» - http://www.amazon.com/dp/B00I21NCW2;

Книга 9 – «Термодинамика» - http://www.amazon.com/dp/B00J13QH9K.

Еще книга моего дедушки – «Воспоминания русского фельдшера о финской войне» - http://www.amazon.com/dp/B00I21QZ3K

Все эти же книги теперь будут изданы на Create Space в печатном варианте и будет продаваться на Amazon – ищите в графе – Paperback.

Те же книги на английском:

The books of the series "The Teaching of Djwhal Khul – Esoteric Natural Science" - **"The main occult laws and concepts"** - http://www.amazon.com/Main-Occult-Laws-Concepts -ebook/dp/B00GUJJR72

"Ethereal mechanics" - http://www.amazon.com/The-Doctrine-Djwhal-Khul-mechanics-ebook/dp/B00I8KSY8Y (paperback - https://www.createspace.com/4836813)

"New Esoteric Astrology, 1" - http://www.amazon.com/dp/B00JF6RMCY (paperback - https://www.createspace.com/4827294)

"Thermodynamics" - http://www.amazon.com/dp/B00KGHK8EU (paperback - https://www.createspace.com/4838412)

The book of my grandpa – **"The memories of the russian military paramedic Michael Novikov of the Finnish war"** http://www.amazon.com/dp/B00JYDITQ6